KODOMO KAGAKU

给孩子的未来科学
宇宙探索

［日］寺园淳也／著　程亮／译　李晔／审校

> 真想早日去月球和火星旅行呀！

中国出版集团　现代出版社

前 言

此刻，我正参加在美国休斯敦举办的"月球与行星科学国际学术研讨会"。该会议会集了全世界 2000 余名科学家，讨论的主题是月球和行星探测的成果及今后的计划。出席这样的学术会议，让我强烈地感受到科学是无国界的。进而言之，宇宙也是无国界的。

人类第一次向宇宙发射探测器已是约 60 年前的事了。从人类第一次登上月球到 2019 年也已过了整整 50 年。人类对宇宙的认识已经有了大幅度的提高。现在我们都知道：月球上没有空气；沙漠般的火星上曾经存在水；土星的卫星具备足以孕育生命的环境。

本书将针对宇宙探索和开发——尤其是月球和行星探测，做简明易懂的解说。

前往未知的世界（即使本人不去，也可以发送机器人分身——探测器）探索。经过这 60 年来的探索，人类的知识范

畴得以拓宽，但未解之谜也越来越多。

科学家是通过调查未知事物来开拓世界并以此为职业的人。正因为有众多科学家不断探索未解之谜，我们的世界才变得越来越宽广。这本书能让你了解月球、行星、宇宙及其相关知识，你的世界一定会在阅读中得到极大的拓宽。

拿起这本书一起前往未知的世界探索吧！

2019 年 3 月于休斯敦　寺园淳也

目 录

宇宙探索进展如何？

宇宙探索的过去与未来 … 8

Part 1 月球和火星是什么样的星球

这就是太阳系 … 16

月球与地球的大小对比 … 18

月亮盈亏的原因 … 20

望月的大小为什么会变化 … 22

月球为什么从不将"背面"示人 … 24

这就是月球的真实面貌 … 26

【了解更多！】
严酷的月球环境 … 28

月球上有没有生物 … 30

火星的大小和距离 … 32

"红色行星"的天空颜色 … 34

火星的地形 … 36

火星的卫星也很有趣 … 38

火星上有生物吗 … 40

【了解更多！】
"引力"是什么力 … 42

【了解更多！】
探究太阳系诞生之谜 … 44

Part 2 如何探索宇宙

为什么要煞费苦心发射探测器呢　48

探索要按照步骤进行，不能贸然载人　50

探测花费的"时间"和"费用"　52

探测的准备工作不能有半点马虎　54

火箭的飞行原理　56

固体火箭、液体火箭是什么　58

世界火箭大公开　60

火箭惊人的速度　62

火箭发射场建在南方的原因　64

世界各地的火箭发射场　66

发射火箭是极为困难的事　68

探测器的结构　70

当前活跃着的探测器们　72

探测器如何前进　74

如何确定探测器的轨道　76

【了解更多！】
引力助推是什么　78

【了解更多！】
危险的"大气再入"　80

Part 3 人类探索宇宙的历程

拉开宇宙时代的帷幕　84

肯尼迪志在必得的"阿波罗计划"　86

"阿波罗 11 号"从发射到返回地球 … 88

【了解更多！】
阿波罗计划中各探测器的任务 … 90

【了解更多！】
破解"阿波罗计划阴谋论" … 92

下一个目标是探测火星 … 94

"海盗号"探测器完成了哪些生物探测实验 … 96

【了解更多！】
20 世纪后期，探测其他行星 … 98

月球与行星探测陷入低潮的时代 … 102

再度掀起月球热 … 104

是时候"重返月球"了 … 106

"月亮女神号"的观测成果 … 108

【了解更多！】
日本的宇宙开发史 … 110

火星探测重启后遇到的重重困难 … 112

接连送往火星的探测器 … 114

火星上曾经有"海"，如今有"河"和"地下湖" … 116

【了解更多！】
20 世纪 90 年代以来，其他行星与卫星的探测计划 … 118

【了解更多！】
探测小行星，带回"太阳系的化石" … 120

国际空间站的前景 … 122

Part 4 宇宙探索的未来

世界各国纷纷向月球进发 … 126

中国的月球基地建设计划 … 128

美国的宇宙基地建设计划 … 130

日本第一个月球着陆器"机灵号" … 132

【了解更多！】

日本自主制订的各种月球探测计划　134

梦想中的"月球旅行"即将变成现实　136

民营企业的宇宙开发计划　138

【了解更多！】

如何建设月球基地　140

10年或者20年后，或许你也能去月球表面生活　142

各国及民间的火星探测计划　144

【了解更多！】

各国的火星探测计划　146

何时进行载人火星探测　148

人类能够移居火星吗　150

【了解更多！】

其他的太阳系探测计划　152

后记　154

索引　156

博学多识的未来喵将带领大家探究宇宙探索的过去与未来。

在"了解更多！"一栏，将对宇宙探索的深层信息做简明扼要的解说。

宇宙探索的过去与未来

1969 年 7 月 20 日，
人类第一次登上了月球。

指令长阿姆斯特朗说过
这样一句名言：
"这是我个人的一小步，
却是全人类的一大步。"

照片中的人是站在月球上的宇航员奥尔德林。他的头盔面罩上映出了正在拍照的指令长阿姆斯特朗。
（图片：NASA）

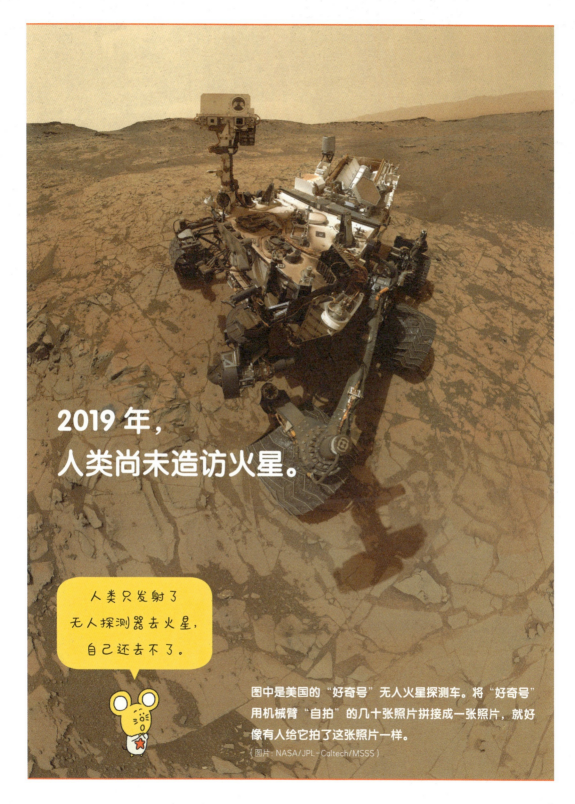

2019年，
人类尚未造访火星。

人类只发射了
无人探测器去火星，
自己还去不了。

图中是美国的"好奇号"无人火星探测车。将"好奇号"用机械臂"自拍"的几十张照片拼接成一张照片，就好像有人给它拍了这张照片一样。
（图片：NASA/JPL-Caltech/MSSS）

202X 年，
人类将在月球表面建设基地。

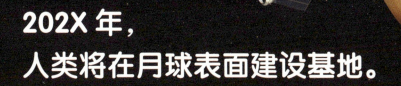

这是月球基地的想象图。人类将在月球的表面建设基地、上空建造"深空门户"空间站，作为向宇宙深处进发的"太空港"。

（图片：JAXA）

203X 年,
人类将在火星上建造冰屋。

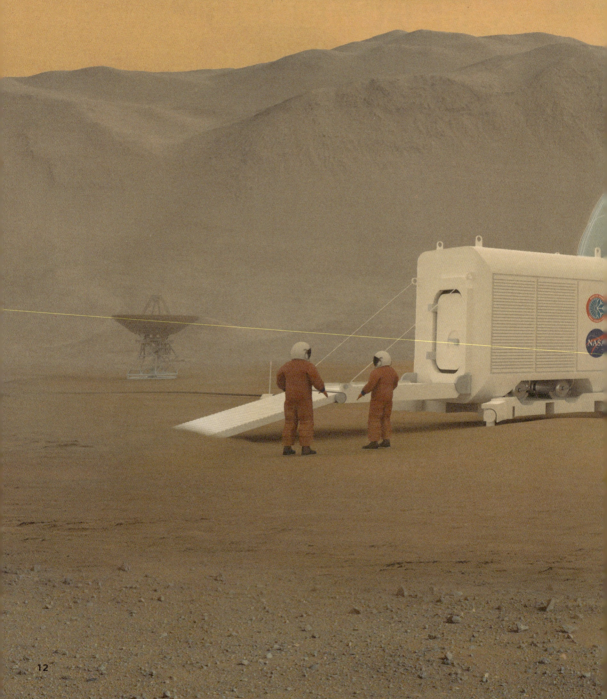

计划安排4名宇航员在此驻扎1年*,完成探索火星的任务。

我也想住在这里!

这是火星"冰屋"的想象图。用火星上的冰建造房屋的外墙,能够有效地减少宇宙射线辐射,还可以让太阳光照进屋内。建筑物通过 3D 打印建造。
(图片:NASA/Clouds AO/SEArch)

* 本书提到的年、月、日或天,均为地球的计时单位。

Part 1
月球和火星是什么样的星球

月球和火星是什么样的星球呀?

在地球上会看到
一天一变样的月亮，
以及泛着红光的火星。
人类自古就对月亮和
火星津津乐道。
接下来，
我们将认识一下月球和火星。

看起来和地球不太一样。

这就是太阳系

首先介绍由地球、月球、火星和太阳等星球组成的太阳系。

我们居住的地球大约每365天会围绕太阳旋转1周（称为"公转"）。像太阳这种靠燃烧自己发光的天体叫作"恒星"。夜空中可见的多数星星都是恒星，它们与我们的距离比日地距离还要远几万倍以上。尽管这些星星因为离我们太远看起来只是很小的光点，但每一颗都像太阳一样剧烈地燃烧着。

围绕太阳公转的"行星"一共有8颗，除了地球，还有水星、金星、火星、木星等。行星本身不会燃烧，但是会反射太阳光，所以能在夜空中看见它们闪闪发光。月球围绕地球公转，是地球的"卫星"。卫星也因为反射了太阳光而发亮。除了地球，其他行星也有带卫星的。

此外，还有比行星小的"矮行星"和"小行星"、一靠近太阳就会长出尾巴的"彗星"等，它们都是太阳系的成员！

比太阳系更大的集团被称为"银河系"。银河系拥有多达2000亿颗像太阳一样的恒星。

太阳系的成员们

※ 图中各星球的大小以及到太阳的距离不符合真实比例。

月球与地球的大小对比

离地球最近的星球,是夜空中可见的月球。月球是地球的卫星,即围绕地球旋转的天体("天体"指宇宙中的物体)。提起卫星,可能很多人会想到人造卫星,但人造卫星是"人造"的物体,而月球是"天然"的,也就是说,月球才是地地道道的卫星。

月球的大小约为地球的1/4。如果把地球比作篮球,月球就相当于网球那么大。除了地球,其他行星也有带卫星的,但多数卫星的大小尚不及行星的几十分之一,而地球却拥有一个跟它不相称的大卫星。

地球与月球之间的平均距离约为38万千米,相当于把30个地球一个挨一个排起来那么远。正如上文所说,如果把地球比作篮球,月球就是离地球约7米远的网球。你能想象出月球的大小和地月距离吗?

地球和月球的关系就像母女一样。

离地球最近的天体——月球

月亮盈亏的原因

我们都知道,月亮的形状每天都在变化。这种变化就是"月相"。

月球之所以发亮,是因为反射了太阳光,只有被太阳光照射到的一侧(相当于地球"白昼"的一侧)是明亮可见的。月球围绕地球转1周(公转)大约需要27天。由于相对位置每天都在变化,从地球上看见的月球被照亮的那部分也会跟着变化。这就是月亮的盈亏。

月球被照亮的那部分背对地球时,我们就看不到月亮,此时的月亮被称为"朔月"。朔月过后第三天,月亮右侧会出现窄而明亮的月牙,即"蛾眉月"。朔月过后第七天会出现"半月(上弦月)",朔月过后第14天会出现圆圆的"望月"(见右页图片)。

其实,仔细观察蛾眉月时,就会隐约看见其亏缺的部分。这是由于地球反射的太阳光照在了月球上,使月亮的亏缺部分稍微变亮了。这种现象叫作"地球反照"。

你知道哪些跟月亮有关的传说呢?

月亮每天都会变样

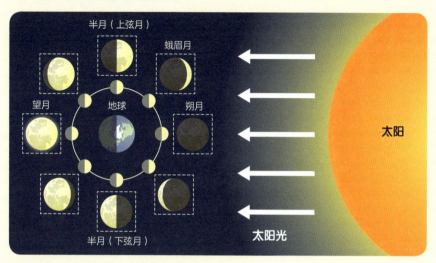

虚线内呈现的是从地球上观看到的月亮形状。

地球反照

峨眉月时，月亮的亏缺部分隐约可见。

为什么能看见地球反照

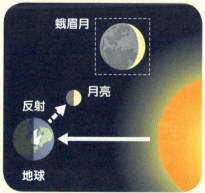

使用双筒望远镜就能看清地球反照的情形。

望月的大小为什么会变化

有时遇到望月，电视节目里就会播报"今晚的月亮是'超级月亮'"。超级月亮指的是"看起来更大的望月"，为什么此时的月亮看起来比较大呢？

月球围绕地球公转的运行路线（轨道）并非正圆，而是椭圆。因此从地球上看到的月亮，距离我们时而稍近，时而稍远。

地月平均距离约为38万千米，最近时约为36万千米，最远时约为40万千米。当月球离地球近的时候恰逢望月，就是看起来比较大的超级月亮。

与距离最远时看见的小望月相比，超级月亮要大14%左右。这种相当于网球与棒球的差异对比，离远一些就基本上看不出什么了。由于超级月亮旁边不会出现平时的月亮，所以很难看出超级月亮是否更大。

你知道"草莓月亮""蓝色月亮"等称谓代表的是什么样的月亮吗？如果有兴趣不妨查一下。

地月距离会发生变化

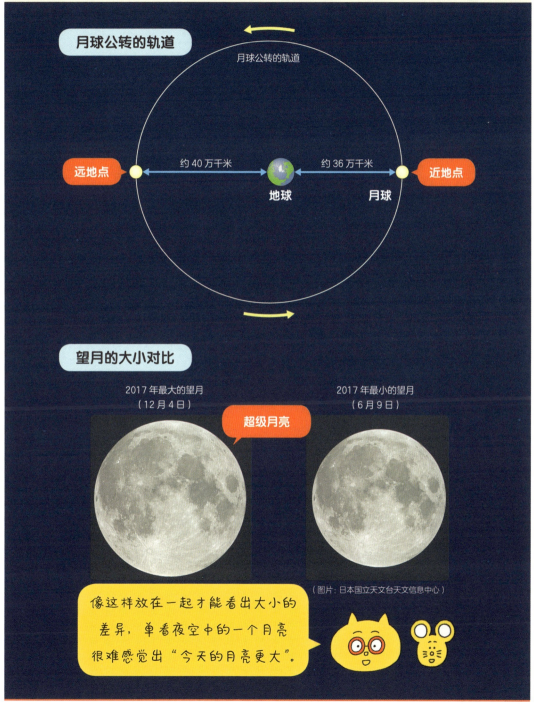

Part 1　月球和火星是什么样的星球　23

月球为什么从不将"背面"示人

望月时,月亮表面会呈现"兔子捣年糕"的图案,这是以前的日本人看到月亮上的黑色图案后想象出来的。月亮上的图案看起来到底像什么呢?不同国家和地区的人们会给出不同的答案:有的人认为像狮子,有的人认为像螃蟹,还有的人认为像女性的侧脸,等等。大家的想象力实在太丰富了!

虽然大家对月亮表面的想象各不相同,但其实,从地球上看到的始终都是月球的"同一面"。"月球正面"一般指的是地球上能看见的那一面,"月球背面"则是看不见的那一面。

月球是在一直盯着地球的同时围绕地球公转的哟。

月球始终把同一面朝向地球,这是为什么呢?

可能有人会说:"是不是月球不自转的缘故呀?"抱歉,这个答案是错误的。正确的答案是:月球自转的周期约为27天,围绕地球公转的周期也约为27天。也就是说,月球围绕地球公转1周的同时也自转1周,所以从地球上看见的始终是月球的同一面。用文字描述很难理解,大家不妨参考右页的图片看一看。

月亮不管什么时候看都是同一张脸

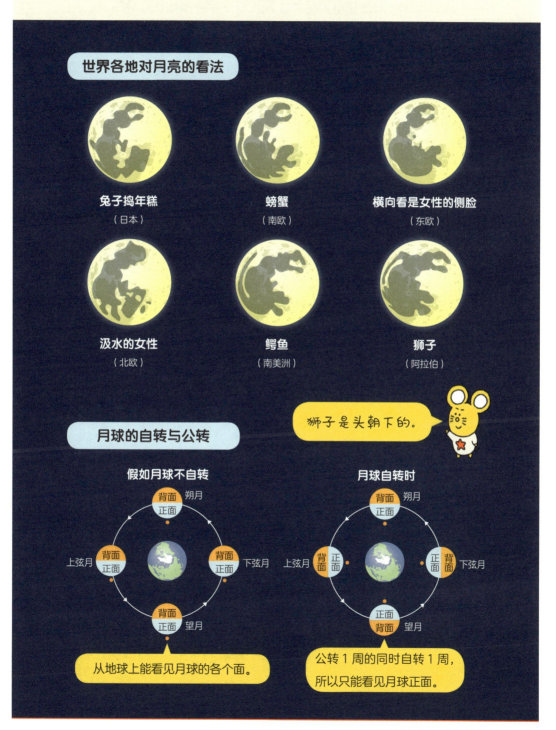

这就是月球的真实面貌

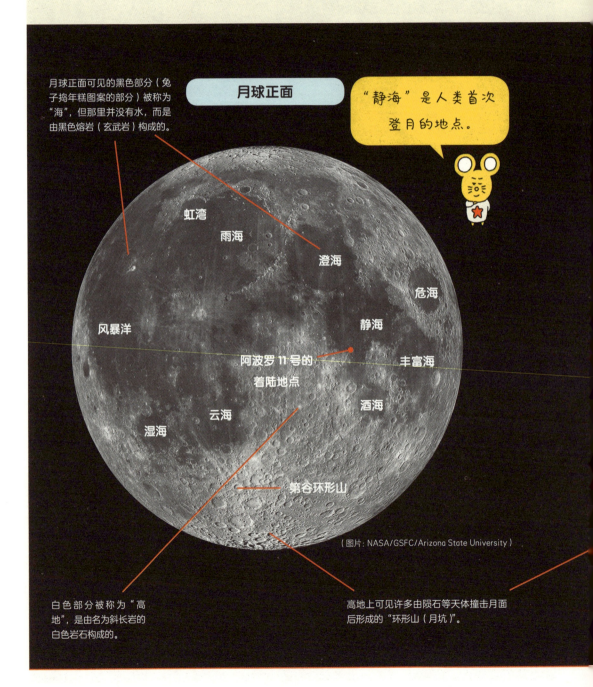

月球正面

月球正面可见的黑色部分（兔子捣年糕图案的部分）被称为"海"，但那里并没有水，而是由黑色熔岩（玄武岩）构成的。

"静海"是人类首次登月的地点。

- 虹湾
- 雨海
- 澄海
- 危海
- 风暴洋
- 静海
- 丰富海
- 阿波罗 11 号的着陆地点
- 湿海
- 云海
- 酒海
- 第谷环形山

（图片：NASA/GSFC/Arizona State University）

白色部分被称为"高地"，是由名为斜长岩的白色岩石构成的。

高地上可见许多由陨石等天体撞击月面后形成的"环形山（月坑）"。

月球正面与背面的地形是截然不同的。正面发黑,背面发白。详见下图。

月球背面的高地多、海少,比正面更富于起伏。

月球背面

莫斯科海

杰克逊环形山

南极—艾特肯盆地

(图片:NASA/GSFC/Arizona State University)

有直径约2500千米的巨坑(南极—艾特肯盆地)。

2019年1月,中国的探测器首次在月球背面着陆。着陆地点就在"南极—艾特肯盆地"。

了解更多！

严酷的月球环境

地球上四季分明的地方，炎夏与寒冬每隔半年交替一次。而在月球上，"酷暑"与"极寒"大约每两周就交替一次。

月球自转的周期约为27天（27天8小时）。也就是说，月球上的白昼会持续约14天，黑夜也会持续约14天，如此往复。白昼持续那么多天，当然会变得很热，就拿月球赤道附近的地面温度来说，白昼时的平均温度约为120摄氏度，而黑夜时温度会低至约零下180摄

月球的昼夜

氏度，二者相差约 300 摄氏度！这远比地球上的季节变化严酷得多。

月球上的温度变化之所以如此剧烈，原因之一在于月球没有空气（大气）。地球上有空气，空气起到类似棉被的作用，能够阻止热量流失到宇宙空间中。而且，暖空气与冷空气的交替也可以确保温度变化平稳。而月球上没有空气，所以被太阳光照射的白昼一侧会越来越热，而黑夜一侧的热量则会不断流失到宇宙中。这使得月球上的温度变化很容易走向极端。

那么，月球上为什么没有空气呢？这是因为，月球是小天体，引力很弱，无法将空气聚拢在自己的周围（第 42~43 页将详细说明引力）。月球比地球小，引力的强度大概只有地球的 1/6，所以空气都逃逸到宇宙中了。

月球的引力

月球因为引力弱没有空气（大气）。

月球的引力约为地球的 1/6，所以跳起来会比在地球上跳得高 6 倍，感觉就像飞起来一样。

月球上有没有生物

在电影《哆啦A梦：大雄的月球探险记》中，月球背面（从地球上看不见的那一面）居住着长有兔子耳朵的"埃斯帕尔人"。那么，现实中的月球上也有生物吗？

答案是否定的，目前并没有发现月球上有生物。这是因为月球上没有可供生物呼吸的空气。另外，月球表面白天温度约120摄氏度、黑夜约零下180摄氏度，对生物来说也过于严酷。

而且，大量对生物有害的宇宙射线（在宇宙中飞来飞去的高能粒子）可以直接到达到月球表面。地球的大气层能够削弱宇宙射线，并且整个地球就是一块大磁铁，地球的磁场（磁力覆盖的范围）能屏蔽宇宙射线。而月球既没有大气层也没有磁场，因此只能直接暴露在宇宙射线下。人在月球表面待一个月到半年所承受的宇宙射线量，甚至超过其一生可以安全承受的最大量。因此，月球的环境对生物来说是非常严酷的。

月球虽然美丽，但环境却相当严酷。

对生物来说非常严酷的月球环境

火星的大小和距离

下面介绍火星。火星的运行轨道在地球外侧,它是一颗红色行星。火星的大小约为地球的一半,如果把地球视为篮球那么大的球体,火星就是直径跟光盘差不多的葡萄柚那么大的球体。

火星围绕太阳公转的周期约为1.88年(687天),而地球围绕太阳公转的周期是1年,所以每隔约2.14年(780天),地球就会从内侧赶超火星,这也是火星与地球最为接近的时刻。

即使是最接近时,地球与火星之间的距离也在5000万~1亿千米(平均约7800万千米)。这是因为,火星的轨道呈椭圆形。

火星接近地球,按照距离远近分为:较近的"大接近"和较远的"小接近"。大接近或小接近每隔15~17年发生一次。

如果把地球视为篮球,即使在大接近时,地球与火星之间的距离也会超过1千米!相比月球(离地球7米远的网球)即可发现,火星离地球真的十分遥远。

火星的半径约为3400千米,大小约为地球的一半。

下一次火星大接近的时间是 2035 年

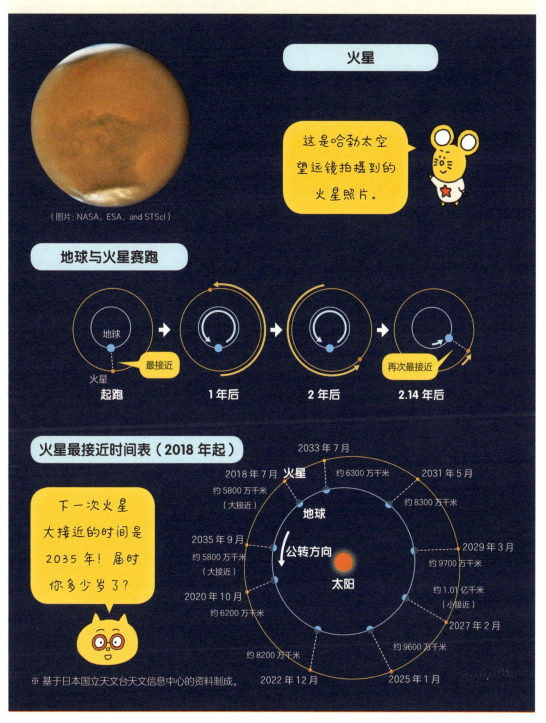

"红色行星"的天空颜色

火星的亮度在大接近时约为 -2 等星,在夜空中闪耀红色的光芒。古人看见这颗"血色"的星星,似乎联想到了战争,于是奉火星为战争之神。火星的英文是"Mars",即古罗马神话中的战神"马尔斯(Mars)"。

火星之所以呈红色,是因为火星地表是红色的。火星地表被含有铁锈(氧化铁)的红色土壤和岩石覆盖。

此外,不同于月球,火星上存在极稀薄的大气。只不过,大气的主要成分是人类无法呼吸的二氧化碳。

尽管火星的大气非常稀薄,却不影响风扬起火星地表的沙土,将天空染成红色。因此,在火星上,白天能够看见暗红色、粉红色或橘红色的天空。

不过,日落时火星的天空却是蓝色的!这是因为太阳光中的红色光被大气中的尘埃阻挡,发生散射,只有蓝色光能传到地表。

> 火星是太阳系的第四行星。

拥有红色大地和蓝色晚霞的星球

红色大地

火星呈红色是因为铁锈。

上图是"海盗1号"火星探测器的着陆器在火星上拍摄到的红色大地和天空。
（图片：NASA/JPL）

蓝色晚霞

右图是"勇气号"火星探测车在火星拍摄到的蓝色晚霞。

（图片：NASA/JPL/Texas A&M/Cornell）

Part 1　月球和火星是什么样的星球　35

火星的地形

火星的西半球

※ 涂色以便于理解高度。

- 海盗 1 号着陆器的着陆点
- 克里斯平原
- 奥林匹斯山（高程约 27 千米）
- 艾斯克雷尔斯山（高程约 18 千米）
- 帕弗尼斯山（高程约 14 千米）
- 阿尔西亚山（高程约 19 千米）
- 水手峡谷

北半球 ┆ 南半球

（图片：NASA/JPL）

火星地表经探测器详细观测的结果是：北半球的环形山相对较少，年代较新；南半球多环形山，几乎全是高地，比北半球高数千米。为什么会存在这样的差异，目前尚未探知。

（图片：NASA/JPL/USGS）

高度约为珠穆朗玛峰的 3 倍！

奥林匹斯山

奥林匹斯山是太阳系中最大的火山，高度约为珠穆朗玛峰的 3 倍（高程约 27 千米）。其边缘向四周延伸甚远，约 500 千米的宽度使整座山显得十分平缓。

环形山、峡谷、平原等，让火星的地形富于变化。

火星的东半球

海盗2号着陆器的着陆点

乌托邦平原

埃律西昂山
（高程约16千米）

希腊平原

（图片：NASA/JPL）

水手峡谷

水手峡谷是长约4000千米、宽100~200千米、最深约8千米的巨大峡谷，其规模之大，是地球上著名的美国科罗拉多大峡谷的10倍。

规模相当于科罗拉多大峡谷的 10 倍！

（图片：NASA/JPL-Caltech）

Part 1　月球和火星是什么样的星球　37

火星的卫星也很有趣

火星有两颗卫星。靠近火星的第 1 颗卫星被称为"火卫一（Phobos）"，远离火星的第 2 颗卫星被称为"火卫二（Deimos）"。

月球是地球的卫星，大小约为地球的 1/4（火星的一半），呈球状。而火星的两颗卫星都很小，而且形状不规则，像马铃薯一样。

火星的自转周期是 24 小时 37 分钟。火卫一围绕火星公转的周期是 7 小时 40 分钟，火卫二的公转周期是 30 小时 18 分钟。火星的自转方向与火卫一、火卫二的公转方向相同，从火星上会看到自西向东高速移动的火卫一和自东向西缓慢移动的火卫二。这两颗卫星的运行方向看起来是相反的。

两颗卫星中，火卫一正被火星的引力拉拽着逐渐向火星靠近。根据推算，再过数千万年火卫一就会掉落到火星上。与之相反，地球的卫星月球正在以每年约 3 厘米的速度远离地球。

火星有两颗天然卫星呢。

反向运转的两颗卫星

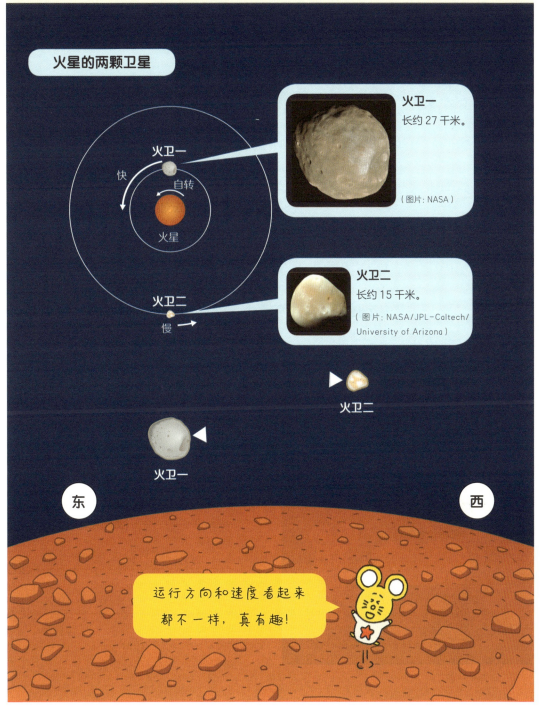

火星上有生物吗

距今约130年前,美国天文学家洛厄尔通过望远镜观察到了火星表面的条纹,他认为"那是运河,由火星上的火星人开凿"。此外,英国作家威尔斯因创作"火星人乘坐宇宙飞船来到地球袭击人类"的科幻小说走红。由此可见,许多人都相信火星人的存在。

然而,火星探测器的观测结果表明,火星上既没有运河,也没有生物。火星表面的平均温度约为零下40摄氏度,非常寒冷,环境也很严酷。由于火星的大气格外稀薄,冰即使融化也不会变成水(液体),而是直接变成水蒸气(这一过程被称为升华,像干冰一样)。换句话说,火星上不存在"液态水"。对生物来说,液态水至关重要,火星上没有水也就没有生物。

不过,已有证据表明,火星在很久以前是有海的(真正的海),由此推测,火星曾经可能有过生物。还有研究者认为,火星的地下深处仍有存活至今的微生物。

即使没有火星人,有微生物也行呀。

红色行星上的生命探测

曾幻想火星人的众人

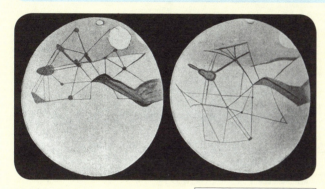

洛厄尔用望远镜观察火星后,画下了火星上的"运河"。他看到的其实是峡谷等天然地形。

威尔斯创作的科幻小说《宇宙战争》,封面上描绘出了火星人的样子。

以前的人一提到火星人,就会联想到章鱼吗?

在火星上探寻生命

右图是美国"好奇号"火星探测车在火星上寻找生命迹象的想象图。

(图片:NASA/JPL-Caltech)

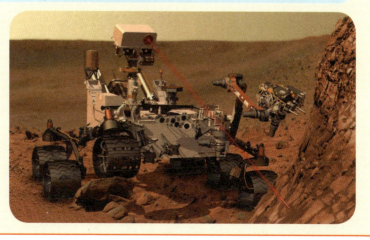

Part 1 月球和火星是什么样的星球

了解更多！

"引力"是什么力

月球围绕地球公转，地球和火星围绕太阳运转。这都是"引力"作用的结果。

引力（又叫万有引力）是有质量的物体将对方拽向自己的力。物体的质量越大，引力就越强。松开手里的小球，小球会落向地面，这是因为地球的引力将小球拽向自己（地球中心的方向）。尽管小球同时也会拉拽地球，但由于地球的质量比小球大得多，所以地球的引力占据上风，使得小球落向地面。

如果把小球横向（水平方向）抛出，小球受到地球引力的拉拽，很快就会落向地面。小球的速度越快，落地前经过的距离就越远。如果以极快的速度抛出小球，由于地球是圆的，小球会沿地球的弧度下落，绕地球一周后回到原地。

实际上，这正是月球的运转状态。如果没有地球的引力，月球将笔直地前进，但由于受到地球引力的拉拽，月球会朝地球"坠落"，也因此才能围绕地球公转。同理，地球和火星等行星也是受到太阳引力

地球的引力

地球通过巨大的引力，将地表的人类、建筑物甚至空气（大气）拽向地球中心的方向。

如果以极快的速度抛出小球,小球将绕地球一周后返回原地。

月球受到地球引力的拉拽,朝地球"陨落",才能围绕地球公转。

的拉拽,才会围绕太阳公转。

引力还有一个重要的性质,即"距离引力源(产生引力的物体)越远,引力越弱"。因此,围绕太阳公转的行星,距离太阳越远,受到的太阳引力就越弱,公转速度就越慢,公转周期就越长。

地球的公转周期是1年,而在地球外侧轨道上运转的火星,其公转周期约为1.88年。相反,在地球内侧轨道上运转的金星,其公转速度更快,公转周期也更短,只有约7个半月。

受太阳引力支配的行星

围绕太阳公转的行星,距离太阳越远,受到的太阳引力就越小,公转速度就越慢,公转周期就越长。

Part 1 月球和火星是什么样的星球 43

了解更多！

探究太阳系诞生之谜

引力不仅促使月球和行星公转，就连太阳系的诞生也要归功于引力。

目前认为，太阳系是在距今约 46 亿年前诞生的。那里最初只是一团巨大而冰冷的气体云。气体云在引力的作用下聚拢、收缩，浓度逐渐增大，温度也随之升高。最终，气体云变成了旋转的圆盘状结构。

圆盘的中心是温度约 1000 摄氏度的球状气体核。这就是太阳的雏形——"原始太阳"。原始太阳也在引力的作用下收缩，温度随之升高。当太阳中心部分的温度达到约 1500 万摄氏度时，就会发生"核聚变反应"，太阳自此步入成年期。这就是太阳诞生的过程。

广布在原始太阳外侧的薄薄的圆盘被称为"太阳系原恒星盘"。圆盘中不仅有气体，还有许多肉眼看不见的极小的"尘埃"。这些尘埃也在引力的作用下聚集起来，最终形成了地球、火星等行星。

我们对行星形成的具体过程还有许多疑问。因为地球、火星这些大的行星曾一度完全被高温熔化，在这之前它们是什么样的状态便无从考证。我们只能寄希望于未被熔化的小行星，通过探测小行星来了解太阳系以前的状态。这样看来，说小行星是"太阳系的化石"一点也不为过。

在诸多有关月球形成的假说中，"大碰撞说"是很有说服力的一种。

该假说认为，原始地球曾被一个跟现在的火星差不多大的巨大天体撞击，原始地球被撞飞的那部分和被撞毁的撞击天体，在引力的作用下重新结合，形成了月球。不过，还要弄清楚月球内部由什么物质构成，才能确定大碰撞说正确与否。

太阳系的诞生

右图是描绘太阳系诞生场景的想象图。原始太阳在巨大的气体云的中心诞生，而行星则在周围的太阳系原恒星盘中接连诞生。
（图片：NASA）

大碰撞说

大碰撞说认为，原始地球曾被一个跟现在的火星差不多大的巨大天体撞击，原始地球被撞飞的那部分和被撞毁的撞击天体重新结合，形成了月球。
（图片：NASA/JPL-Caltech）

新的假说认为，月球是在小型天体的无数次撞击中诞生的。

Part 1　月球和火星是什么样的星球　45

Part 2

如何探索宇宙

我们为什么探索宇宙?
需要花费多少金钱和时间?
火箭和探测器由哪些部分组成?
本章将介绍探索宇宙要了解的基本知识。

终于来到月球了。

哇!月球的土壤不仅干燥而且松散!

为什么要煞费苦心发射探测器呢

发射一个探测器需要花费几百亿日元（1日元≈0.05元人民币）。可能有人会觉得，何必花那么多钱，用望远镜看不就够了吗？

使用日本的"昴星团望远镜"这类大型设备，确实能够看清月球和火星的表面。然而，以前的望远镜可没这么厉害，虽然用以前的望远镜也能从地球上观测到月球和火星，但只能看到模糊的图像。因此，让探测器靠近月球和火星进行近距离观测就显得十分必要了。

即使是现在的望远镜也有绝对观测不到的地方。例如，月球始终把正面朝向地球（见第24页），这样一来就不能从地球上观测月球的背面，只能依靠探测器。此外，像金星这类被浓厚大气包裹的行星，用望远镜根本观测不到大气下面的地表。

如果想要知道月球和火星表面是由哪种岩石构成的、确切的高程差等，只有发射探测器实地考察，才能既高效又准确地获取信息。因此，发射探测器是很有必要的！

用入门级望远镜就能看到月球上的环形山、木星的条纹和土星环。

望远镜与探测器

望远镜

坐落于夏威夷岛莫纳克亚山顶的"昴星团望远镜"是通过口径 8.2 米的巨大镜面聚光的。

月球的正面

（图片：NASA/GSFC/Arizona State University）

金星的云

（图片：NASA/JPL）

探测器

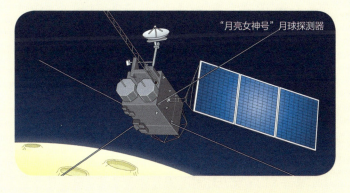

"月亮女神号"月球探测器

"麦哲伦号"金星探测器一边围绕金星运转，一边通过雷达探查浓厚云层下的金星地形。

月球的背面

（图片：NASA/GSFC/Arizona State University）

金星的地表

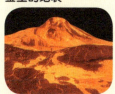

用"麦哲伦号"金星探测器提供的数据绘制而成。
（图片：NASA/JPL）

探索要按照步骤进行，不能贸然载人

探索天体时，贸然发送载人探测器是很危险的，必须按照步骤进行。一般的步骤包括：①飞越→②环绕探测→③着陆探测→④取样返回→⑤载人探测。其中，①~④是由无人探测器完成的。

无人探测与载人探测各有长处。无人探测器的优点在于，安全方面的顾虑较少，可以"大胆地探测"，因此性价比较高。与之相对，载人探测必须尽可能地提升火箭和探测器的安全性，而且要准备人在太空驻留期间所需的空间、空气、水、食物等，所以载人探测器的体积更大，探测费用也极其高昂。

而载人探测的优点在于，人类能够去现场做准确的判断和行动，从而获得丰硕的探测成果。就算使用搭载AI（人工智能）的火箭，也比不上人类亲自进行探测。况且，人类集结智慧和技术造访从未踏足的地方，对于人类"开疆拓土"具有非凡的意义。

载人探测不是一朝一夕就能实现的。

一步步实现载人探测

①飞越

从目标天体的近处掠过，同时进行观测。

②环绕探测

进入围绕天体旋转的轨道。进入环绕轨道的探测器被称为轨道飞行器（轨道器）。

③着陆探测

在天体表面软着陆（缓慢着陆）。着陆器也叫着陆舱，着陆后到处移动的车被称为探测车。

④取样返回

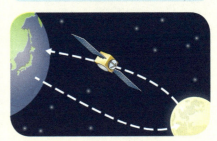

将岩石、沙土等样本带回地球。

⑤载人探测

宇航员登上天体进行实地探测，然后返回地球。

> 探测小型天体时，受预算制约，有时会直接进行取样返回，例如造访小行星"丝川"并将样本带回地球的"隼鸟号"探测器。

探测花费的"时间"和"费用"

测要花费多少"时间"和"费用"呢?下面就以"隼鸟号"小行星探测器为例加以说明。

隼鸟计划的首次研讨会是在1985年举行的,实际发射时间是2003年,而"隼鸟号"携带小行星"丝川"上的小沙粒返回地球则是在2010年,从开始到结束经过了25年的时间。一般来说,从开始研讨到实际发射需要10~20年,发射成功到探测任务全部结束又需要10年以上。

关于费用,"隼鸟号"共计花费约300亿日元。以探测规模来说,这还算"小型"的。美国等国家开展的"大型"探测,费用超过9亿美元(1美元≈6.5元人民币)的并不罕见。

近年来,世界各国均面临严峻的财政状况,支出巨额资金用于开展大型探测项目已然力不从心。目前常见的做法是每隔几年进行一次搭载少量机器的小型探测,即"程序化探测",每次花费数百亿日元即可。

探测需要花费巨额资金和相当长的时间。

探测的费用

隼鸟号（日本）

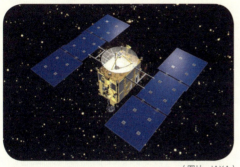

（图片：JAXA）

约 300 亿日元

就算每天花掉 100 万日元，全部花光也要用 82 年呢！

卡西尼号（美国和欧洲）

（图片：NASA/JPL）

约 34 亿美元
（约 3700 亿日元）

换成 1 万日元的钞票后全部摞起来，足有富士山的 10 倍之高！

阿波罗计划

（图片：NASA）

整个计划耗资约 250 亿美元，按今天的购买力计算，约为 1100 亿美元

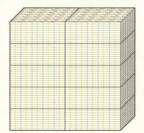

相当于一个国家的全年预算了。

Part 2　如何探索宇宙　53

探测的准备工作不能有半点马虎

从科学家提出探测想法并组织研讨开始，到正式的探测计划获得批准，再到准备实施，最后才是发射探测器，整个过程需要 10 年以上的时间。探测的准备工作分为哪些阶段呢？

探测的准备工作如右页的流程图所示，从项目前期阶段到阶段 D，大致可分为 5 个阶段。每个阶段都有特定的任务，如试产什么样的装置、何时制造实验机等等。

从一个阶段进展到下一个阶段时，审查工作要由参与过探测项目的人和其他领域的科学家等共同完成。每次审查都需要准备大量的资料，并且持续很长时间。尽管流程相当烦琐，却不能有半点马虎。只有在进入下一个阶段之前，彻底排查出问题点并加以解决，才能够防患于未然。

> 探测需要投入巨额资金，准备工作也须谨慎对待。

准备工作的大致流程

项目前期阶段

相关研究人员聚在一起开研讨会。

↓ 任务目标审查

阶段 A

确定项目所需预算,进行更详细的研讨。

↓ 项目过渡审查

阶段 B

项目正式确立,试产重要装置。

↓ 基本设计审查

阶段 C

试产更接近实验机的产品(工程样机)。

↓ 详细设计审查

阶段 D

制造实验机(原始飞行模型)。如果没有问题,就直接使用。

↓ 连番审查

即将发射

发射后还有处理不完的工作,如探测器的运行、数据分析和公开探测器所获数据等等。

※ 根据《行星探测入门》(寺园淳也著,日本朝日新闻出版,第121页图)绘制。

火箭的飞行原理

飞机喜欢而火箭讨厌的东西是什么呢？你知道这个谜题的答案吗？

答案是"空气"。飞机通过灵活利用空气（地球的大气）实现飞行，而将探测器和人造卫星送入宇宙的火箭，则要克服空气阻力飞行。

飞机靠螺旋桨或喷气式发动机让空气迅速流向后方，从而实现向前飞行的目的，就像游泳时要向后划水才能前进一样。此外，沉重的飞机之所以能浮在空中，是因为机翼上下的空气流速不同，产生的压力差将飞机托举起来，这就是升力。

与之相对，火箭是通过向后喷出燃烧燃料产生的气体，靠反作用力实现飞行的。原理跟放开吹鼓的气球，它就会一边喷出里面的空气一边飞行一样。为了能在没有空气的宇宙中飞行，火箭携带了燃料燃烧所需的氧（氧化剂）。这样看来火箭飞行时的一大障碍就是空气阻力。

虽然同为飞行载具，但飞机和火箭的飞行原理并不相同。

飞机与火箭的区别

飞机

螺旋桨飞机（单螺旋桨飞机）
让空气迅速向后流动。

空气

喷气式飞机
将吸入的空气向后喷射。

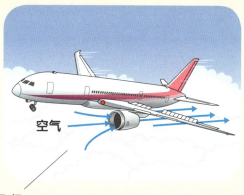

空气

灵活利用空气产生的力实现飞行

火箭

- 空气反而成了一大阻碍
- 燃料箱
- 喷管
- 燃气

将燃烧产生的气体向后喷射。火箭不需要空气就能飞行。

火箭的飞行原理和松开手后气球飞出去的原理是一样的。

Part 2　如何探索宇宙　57

固体火箭、液体火箭是什么

火箭分为"固体火箭"和"液体火箭"。所谓液体火箭,并不是指火箭本身由水一样的液体构成,而是燃料存在"固体"或"液体"的区别。

固体火箭通过燃烧由燃料和氧化剂混合而成的固体燃料(称为推进剂)实现飞行。固体火箭的结构相对简单,价格也低廉,不过一旦点火,就会以同样的强度持续燃烧,因此很难调节推力(使火箭向前飞行的力)。日本研发的火箭中,将"隼鸟号"送入太空的"M-5运载火箭"和以更廉价、更高效为目标设计的"埃普斯隆运载火箭",都属于固体火箭。

不同种类的火箭各有优缺点。

液体火箭的液体燃料和液体氧化剂分别装在不同的储箱中,它们会在燃烧室中混合并燃烧,从而实现飞行。由于点火之后能熄火并再次点火,这样推力也更容易调节。不过,液体火箭结构复杂,制造难度大,成本也很高。现在日本的主力火箭"H-2A运载火箭",还有为国际空间站运送"鹳鸟号"补给机的"H-2B运载火箭",都属于液体火箭。

两种类型的火箭

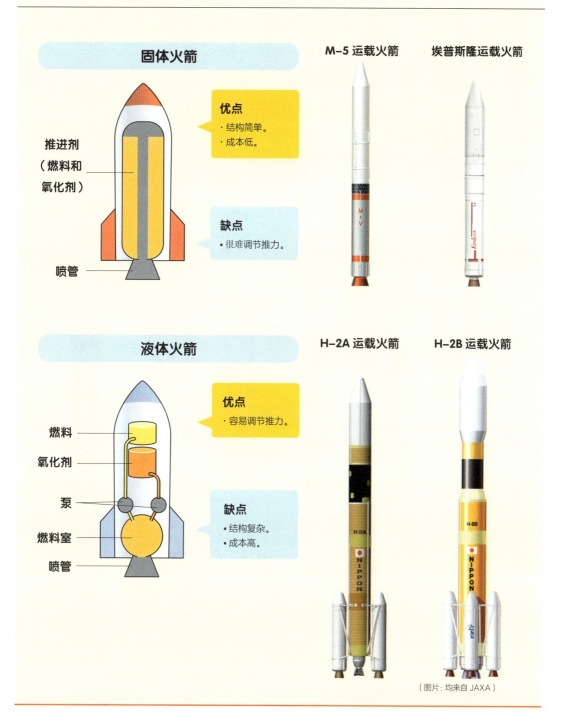

（图片：均来自JAXA）

Part 2　如何探索宇宙

世界火箭大公开

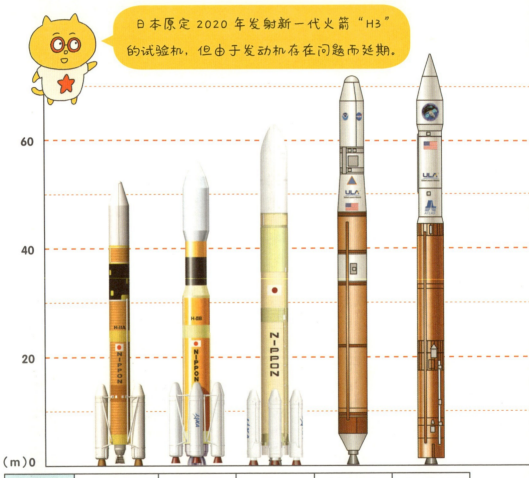

日本原定2020年发射新一代火箭"H3"的试验机,但由于发动机存在问题而延期。

火箭名	H-2A	H-2B	H3	三角洲4号	擎天神5号
国名	日本	日本	日本(研发中)	美国	美国
全长	53米	56.6米	约63米	63~72米	61~76米
起飞质量	289吨/445吨※	531吨	574吨*	250~733吨	334~569吨

※2个/4个助推器　　　*4个助推器时

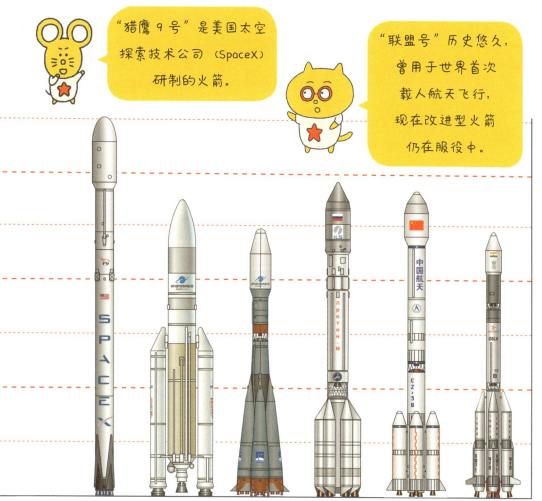

小型化、可重复使用、载人飞行……火箭的研制进展如何了？下面将一并介绍举世瞩目的那些火箭。

"猎鹰9号"是美国太空探索技术公司（SpaceX）研制的火箭。

"联盟号"历史悠久，曾用于世界首次载人航天飞行，现在改进型火箭仍在服役中。

猎鹰9号	阿丽亚娜5型	联盟号	质子M	长征三号	GSL5
美国	欧洲	俄罗斯	俄罗斯	中国	印度
70米	54.8米	44~49.5米	58米	52.5~56.3米	43.4~49米
549吨	780吨	157~305吨	705吨	241~459吨	415~640吨

[图片：日本的火箭，JAXA；其他火箭，*The Annual Compendium of Commercial Space Transportation: 2018*（美国联邦航空局）]

Part 2　如何探索宇宙

火箭惊人的速度

把小球抛向天空，小球很快就会落回地面。这是因为小球受到地球引力（第42页）的拉拽，上升速度逐渐减慢导致的。火箭要把探测器和人造卫星送入宇宙，必须以不输于地球引力的速度飞行。

要想把人造卫星送入地球周围的运转轨道，火箭的速度必须超过每秒7.9千米（时速约2.8万千米），即"第一宇宙速度"。喷气式客机的速度约为每小时1000千米，火箭的速度必须比喷气式客机快近30倍才行。

要想完全摆脱地球引力，向月球或行星发射探测器，火箭的速度必须超过每秒11.2千米（时速约4万千米），即"第二宇宙速度"。

顺带一提，手枪子弹的初速度约为每秒0.4千米（时速约1400千米），来福枪子弹的初速度约为每秒1~1.6千米（时速约3600~5800千米），所以枪根本打不中飞行中的火箭！

火箭的发射是跟地球引力的较量。

摆脱地球的引力

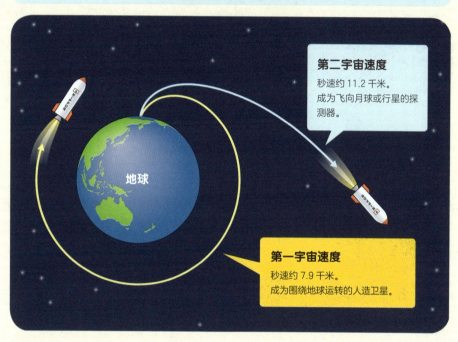

火箭需要达到的速度

第二宇宙速度
秒速约 11.2 千米。
成为飞向月球或行星的探测器。

第一宇宙速度
秒速约 7.9 千米。
成为围绕地球运转的人造卫星。

如果用手枪或来福枪朝火箭射击……

根本打不中!

吱吱吱吱吱!
火箭比子弹还快!

火箭发射场建在南方的原因

日本有两个火箭发射场，分别位于鹿儿岛县的种子岛和内之浦。种子岛发射液体火箭（当前型号H-2A、H-2B），内之浦发射固体火箭（当前型号埃普斯隆）。

鹿儿岛县位于日本南部。实际上，世界各国大多将发射场建在本国偏南的地方（准确地说是靠近赤道的地方），目的是借助地球自转为火箭提速。

地球以南北为轴由西向东自转。赤道附近的地球自转线速度约为每秒470米。速度如此之快，人类却毫无察觉，这是因为自转线速度是恒定的。就好像飞机在高空以恒定的速度飞行时，乘客感觉不到速度一样。

火箭加速需要大量燃料。不过，只要朝东发射火箭，就能得到地球自转线速度的加成，如此一来就不需要那么多燃料了。而离赤道越近，地球的自转线速度就越快，所以发射场通常建在靠近赤道的地方。

据说，若能目睹火箭发射，人生将因此变得不同。

地球自转的加成

地球的自转线速度

地球由西向东自转，因此朝东发射火箭，利用地球自转的能量就能实现加速。

日本的火箭发射场

北海道大树町建有民间发射火箭的试验场。

内之浦宇宙空间观测所

种子岛宇宙中心

在内之浦宇宙空间观测所发射的 M-5 运载火箭 5 号机，搭载了"隼鸟号"小行星探测器（2003 年 5 月 9 日）。

种子岛宇宙中心以其碧海、白滩、褐岩悬崖的景观，被誉为"世界最美的发射场"。

（图片：均来自 JAXA）

世界各地的火箭发射场

这些是世界各地的火箭发射场，堪称"离宇宙最近的场所"。

拜科努尔航天基地

位于哈萨克斯坦共和国，自苏联时期开始，俄罗斯的载人宇宙飞船就从这里发射。上图是"联盟号"运载火箭发射时的场景。

（图片：NASA/Scott Andrews）

① 内之浦宇宙空间观测所（日本）
② 种子岛宇宙中心（日本）
③ 肯尼迪航天中心（美国）
④ 卡纳维拉尔角空军基地（美国）
⑤ 范登堡空军基地（美国）
　（美国西部的航天、导弹发射中心）
⑥ 圭亚那航天中心（法属圭亚那）
⑦ 安多亚火箭发射场（挪威）

西昌卫星发射中心

位于中国四川省西昌市的大型火箭发射场。左图是西昌卫星发射中心用"长征三号乙"运载火箭发射"嫦娥四号"探测器时的场景。

（图片：新华社）

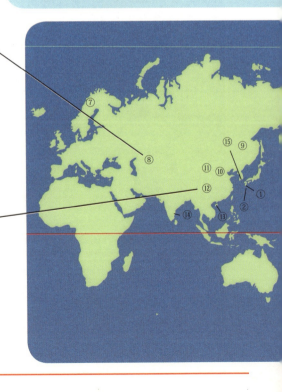

肯尼迪航天中心

位于美国佛罗里达州的发射场。搭载"阿波罗 11 号"的土星 5 号运载火箭就是从这里发射的,"阿波罗 11 号"实现了人类首次登月。航天飞机(见第 103 页)也在这里发射。肯尼迪航天中心还是佛罗里达州的一大观光胜地。它与相邻的卡纳维拉尔角空军基地(主要负责发射无人火箭)一同构成了美国东部的航天、导弹发射中心。

(图片:NASA)

圭亚那太空中心

位于法属圭亚那(南美洲东北部),是法国国家空间研究中心的火箭发射场。欧洲的阿丽亚娜运载火箭大多在这里发射。日本的水星磁层轨道器(见第 152 页)也是从这里发射的。

(图片:CNES)

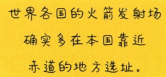

世界各国的火箭发射场确实多在本国靠近赤道的地方选址。

⑧ 拜科努尔航天基地(哈萨克斯坦)
⑨ 东方港航天基地(俄罗斯)
⑩ 太原卫星发射中心(中国)
⑪ 酒泉卫星发射中心(中国)
⑫ 西昌卫星发射中心(中国)
⑬ 文昌卫星发射中心(中国)
⑭ 萨迪什·达万航天中心(印度)
⑮ 罗老航天中心(韩国)

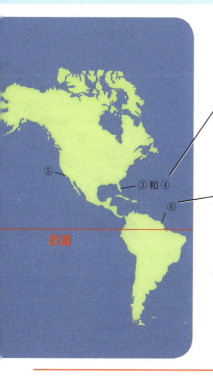

赤道

Part 2　如何探索宇宙

发射火箭是极为困难的事

大型火箭多是将若干级火箭组合起来发射的"多级火箭"。从尾部第1级发动机开始依次点火,在上升过程中耗尽燃料的燃料箱和其所在的那级火箭发动机会自动分离,以此来提升火箭的速度。

分离空燃料箱这类无用的设备,可以减轻火箭的整体重量,而物体越轻就越容易加速,因此多级火箭能够实现高效加速。

如果把火箭比作100个人,为了将最前面的那个人送入宇宙,剩下的99个人都要为他提供支持。

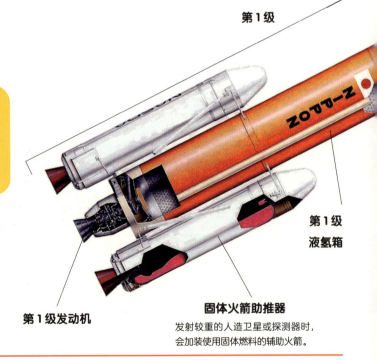

第1级

第1级液氢箱

第1级发动机

固体火箭助推器
发射较重的人造卫星或探测器时,会加装使用固体燃料的辅助火箭。

在火箭的总重量中，燃料的重量约占 80%，火箭机体的重量约占 20%，而有效载荷（指火箭上搭载的探测器、人造卫星等）的重量只有 1% 左右。也就是说，能去往宇宙的部分只占火箭总重量的 1%。

火箭示意图

整流罩
装在火箭前端的防护罩。

液体火箭
H-2A202

第 2 级

有效载荷
需要发射的探测器或人造卫星就装在这里。

第 2 级液氢箱

第 2 级液氧箱

搭载机器

第 2 级发动机

第 1 级液氧箱

④ 第 1 级发动机停止燃烧

⑤ 第 1 级分离

⑥ 第 2 级发动机开始燃烧

⑦ 第 2 级发动机停止燃烧

⑧ 探测器分离

③ 整流罩分离

② 固体火箭助推器分离

① 离地升空

燃料箱等设备残骸分离后将坠入大气层，绝大部分组件都会被烧毁。

（图片：JAXA）

探测器的结构

测器（或人造卫星）的主体结构大致分为两个部分："平台部分"和"任务部分"。

平台部分由探测器在宇宙中飞行时必需的装置组成，包括构成探测器外观的结构体、保持探测器姿态的姿态控制系统、在宇宙空间中加速或减速时使用的推进系统、提供电力的电源系统、天线等通信系统、维持各机器温度的热控制系统等。为了降低成本，通信卫星的平台部分大多是共通的。

任务部分由探测器执行任务时使用的独立装置组成，包括摄像机、雷达、传感器等观测装置，以及采样回收装置等。

许多探测器的主体都会伸出巨翼般的太阳能帆板。太阳能帆板上贴着的太阳能电池可以吸收太阳光，并将光能转化为电能驱动各类装置运行。

火箭就是发射探测器的工具。

组成探测器的各种装置

"隼鸟2号"搭载的主要装置

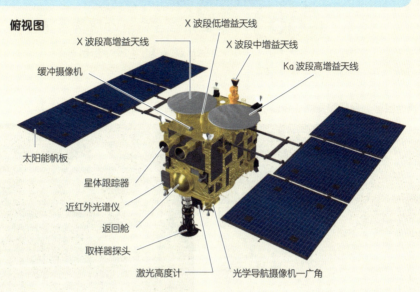

俯视图

- X波段高增益天线
- X波段低增益天线
- X波段中增益天线
- Ka波段高增益天线
- 缓冲摄像机
- 太阳能帆板
- 星体跟踪器
- 近红外光谱仪
- 返回舱
- 取样器探头
- 激光高度计
- 光学导航摄像机—广角

仰视图

- 离子推进器
- 推进器（12台）
- 光学导航摄像机—望远、广角
- 德国和法国共同研发的着陆器
- 中红外摄像机
- 巡视器
- 撞击装置
- 目标标识器（5台）

（图片：均来自JAXA）

"隼鸟2号"长1米、宽1.6米、高1.25米，重600千克。

没想到这么小。

Part 2　如何探索宇宙

当前活跃着的探测器们

下面介绍当前（2019年4月）活跃着的主要探测器。

"嫦娥四号"月球探测器（中国）

详见第128页。（图片：新华社）

"拂晓号"金星探测器（日本）

详见第119页。（图片：JAXA）

"洞察号"火星探测器（美国）

2018年11月成功着陆火星。上图是"洞察号"的"自拍"照片。"洞察号"的任务是观测火星的地震等，进而研究火星的内部结构。

（图片：NASA/JPL-Caltech）

水星磁层轨道器（日本）

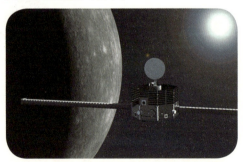

详见第152页。

（图片：JAXA）

"帕克号"太阳探测器（美国）

2018年8月发射，将在7年内反复接近太阳进行观测。最后一次接近预计会抵达距离太阳表面约600万千米的位置，此时探测器的速度将达到史上最快，约每小时70万千米。

（图片：NASA/Johns Hopkins APL/Steve Gribben）

"朱诺号"木星探测器（美国）

已于2016年7月抵达木星。它是第一个从木星北极上空到南极上空环绕运行的探测器，它可以详细观测木星的北极和南极。图2为木星南极的实拍照片。图中可见许多相当于地球大小的旋涡状风暴（台风）。

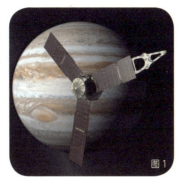

图1

图2

（图片：图1，NASA/JPL；图2，NASA/JPL-Caltech/SwRI/MSSS/Betsy Asher Hall/Gervasio Robles）

"隼鸟2号"小行星探测器（日本）

详见第120~121页。

（图片：JAXA）

"新视野号"太阳系边缘天体探测器（美国）

详见第119页。

（图片：NASA/JHUAPL/SwRI）

※ 第72~73页的图片中，只有洞察号的自拍照和朱诺号拍摄的木星南极是实拍照片，其余均为想象图。

Part 2　如何探索宇宙

探测器如何前进

火箭只能将探测器送到地球上空约数百千米的地方。然后，探测器将借助地球为它提供的物资远行太空，直到抵达目标天体。飞行途中，探测器将依靠"推进器（thruster）"实现加速、减速及转向。

推进器分为"化学推进"和"电推进"两种。化学推进是将燃料燃烧产生的气体喷出去实现推进的。探测器推进器的工作原理和运载火箭的发动机一样，只不过推力小很多。由于太空中几乎没有引力，也不存在空气阻力，所以不需要很大的推力。

电推进顾名思义是依靠电力实现推进的。"隼鸟号"和"隼鸟2号"小行星探测器搭载的离子推进器，就是电推进的一种。简单来说，是用超高温加热氙气，分离出正离子和负离子，再将经过电力加速的正离子喷射出去从而实现推进。相较于化学推进，电推进的推力更小，燃料利用率是前者的10倍，寿命也更长。

"隼鸟2号"离子推进器的推力在地球上只能推动1日元的硬币，但在太空中却足以推动探测器。

通过化学反应或电力实现推进

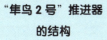
"隼鸟2号"推进器的结构

隼鸟2号
（图片：JAXA）

一般推进器（化学推进）

优点
· 推力大（约为电推进的2000倍）。
· 可以实现急加速、急减速。

缺点
· 燃料利用率低。

离子推进器（电推进）

优点
· 燃料利用率高（是化学推进的10倍），经久耐用。

缺点
· 推力小。
· 不能急加速、急减速。

梦想中的宇宙飞船正在研发中

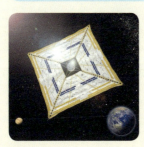
（图片：JAXA）

宇宙帆船（太阳电力帆）

日本的"伊卡洛斯号"试验机接收太阳光后，可利用光压前进，同时将光能转化为电能。它是既不需要发动机也不需要燃料的梦想中的宇宙飞船。

形状就像一面张开的巨帆。

如何确定探测器的轨道

探测器前往月球或火星，然后返回地球所经过的路线（route），被称为"轨道"。月球、火星和地球等天体在宇宙中并非静止不动，它们都在各自运动着。因此，发射探测器之前，需要计算出目标天体将于何年何月何日抵达哪一个位置，据此确定发射日期和轨道，以确保探测器能够分毫不差地抵达目标。

这里以向火星发送探测器时的轨道为例加以说明。右页上图的浅粉色虚线被称为"霍曼轨道"，是用最少的燃料抵达目标天体的轨道。如果经霍曼轨道前往火星，大约需要260天才能到达。

如果不沿霍曼轨道飞行，而是在发射时提升探测器的速度，发射方向也稍加变化，探测器就会沿着右页上图深粉色实线标示的轨道（此为一例）抵达火星。由于速度有所提升，距离也比霍曼轨道更短，因此能在更短的天数内抵达火星，但需要消耗更多的燃料。

要用专业知识才能计算出探测器的轨道。

往返于火星和地球的探测器的轨道

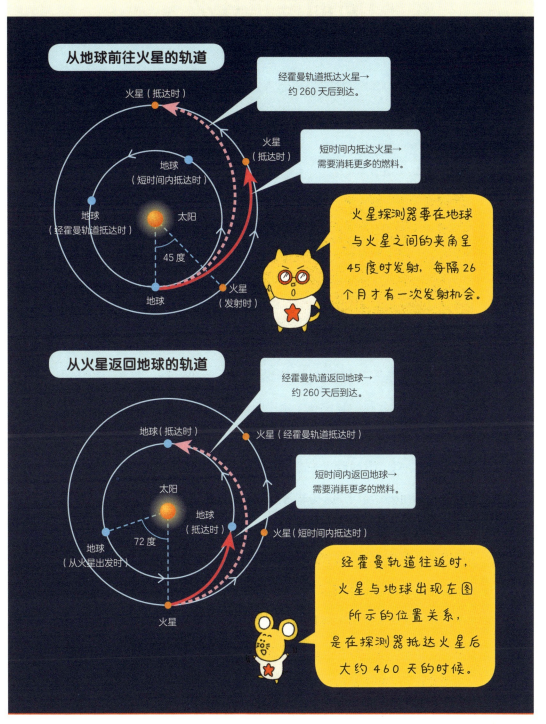

了解更多！

引力助推是什么

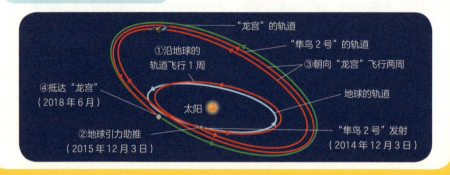

"隼鸟2号"从地球到"龙宫"的路线

从地球到"龙宫"的距离是2.8亿千米。"隼鸟2号"绕了长达32亿千米的远道，终于抵达"龙宫"。

①沿地球的轨道飞行1周
③朝向"龙宫"飞行两周
"龙宫"的轨道
"隼鸟2号"的轨道
④抵达"龙宫"（2018年6月）
地球的轨道
太阳
②地球引力助推（2015年12月3日）
"隼鸟2号"发射（2014年12月3日）

　　上图是"隼鸟2号"从地球出发抵达目标小行星"龙宫"的路线示意图。"隼鸟2号"竟然在宇宙中航行了大约32亿千米，才抵达距离地球大约3亿千米远的"龙宫"。为什么要"绕远道"呢？

　　"隼鸟2号"发射后，一边在近地轨道上运转，一边试运行离子推进器并自检机器（①），这是非常重要的一步。发射1年之后，探测器会利用地球的引力助推前进（②）。所谓引力助推，是探测器利用地球等行星的引力和运动，实现加速、减速以及转向（参照右页图示）。"隼鸟2号"经过引力助推加速，速度从每秒30.3千米提升到了每秒31.9千米。相较于用离子推进器加速，引力助推加速的优点在于，只需消耗少量燃料就能较大地改变速度和行进方向。

　　加速后，"隼鸟2号"逐渐接近"龙宫"。由于"龙宫"的公转速度比"隼鸟2号"加速后的速度慢,这样一来,"隼鸟2号"就要一边追赶"龙宫",一边让离子推进器逆向喷射,以此来降低速度并逐渐靠近"龙宫"(③)。由于离子推进器无法实现急加速或急减速,所以需要时间慢慢调整。最后,在距离20千米的地方,与"龙宫"等速飞行,然后抵达"龙宫"。接近、抵达合称"会合(Rendezvous)"。宇宙飞船在太空中对接也是"会合"。

2018年6月27日,"隼鸟2号"与"龙宫"成功会合(④)。Rendezvous是法语,意指恋人间的约会。就像日本童话中浦岛太郎和龙女在龙宫城约会一样!

探测器利用地球的引力助推实现加速,地球则因此减速,也就是速度被夺走。不过,地球的减速程度极其微小,无论进行多少次引力助推,都不会停止转动。

引力助推的原理(加速引力助推)

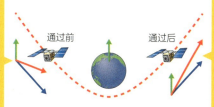

"隼鸟2号"想要朝着→的方向前进,却被地球引力拽向→的方向,所以实际的前进方向是→。→比→短。也就是说,速度会变慢。

"隼鸟2号"在→和→方向上的运动合成后是→。→比→长。也就是说,速度会变快。

了解更多！

危险的"大气再入"

探测器完成飞越、环绕探测、着陆探测任务后，要么直接飞去远方，要么留在目标天体上度过余生。而当执行取样返回或载人探测任务时，探测器或宇宙飞船就要载着样本或宇航员返回地球。国际空间站（见第122页）上的宇航员也要乘坐宇宙飞船返回地球。

返回地球时会遇到"大气再入（也叫再入）"产生高热这一难题。

探测器或宇宙飞船进入大气层时的速度高达每秒8~12千米（时速3万~4万千米）。以如此迅猛的速度进入大气层，探测器机体前端会与大气（空气）发生剧烈的碰撞。被撞的空气因突然停止运动，其势能就会转化为热能，使机体表面被数千摄氏度的高温包围。这种现象被称为"气动加热"。人们容易将其误解为"大气再入时，机体与大气剧烈摩擦产生高温"，而实际上这种现象与单纯的摩擦生热并不一样。

返回地球的探测器或宇宙飞船备有"返回舱"，宇航员和样本是乘坐返回舱进入大气层的。返回舱表面是由特殊散热材质制成的保护层——隔热罩，它可以保护返回舱内部的宇航员和样本免受高温伤害。

返回舱暴露在高温中，一边在空气阻力的作用下减速，一边持续降落。最后打开降落伞，或启动返回舱上的反推发动机（俄罗斯"联盟号"宇宙飞船的载人返回舱便是用这种方法减速的），在充分减速的状态下着陆。

再入时的气动加热

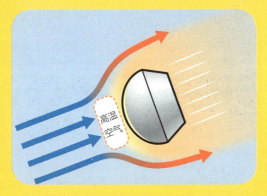

"隼鸟2号"返回舱再入时，表面温度高达3000摄氏度，内部温度却不到50摄氏度。

大气与返回舱的前端剧烈碰撞，空气受阻后停止运动，势能转化为热能，致使温度升高至数千摄氏度。

左图是俄罗斯"联盟号"宇宙飞船，它将3名宇航员从国际空间站接回了地球。

（图片：Sergey Vigovsky）

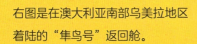

右图是在澳大利亚南部乌美拉地区着陆的"隼鸟号"返回舱。

（图片：JAXA）

Part 3

人类探索宇宙的历程

最初去往宇宙的生物是狗。

1957年，
世界第一颗人造卫星发射。
12年后的1969年，
人类首次登上了月球。
人类在探索宇宙这条路上
走了多远呢？

既不是猫，
也不是老鼠呀！

拉开宇宙时代的帷幕

在20世纪50年代，世界分为两个对立的阵营，分别是以美国为中心的各国和以苏联为中心的各国。这一历史时期被称为"冷战"时期。两国虽未爆发直接战争，却在政治、经济、文化、艺术、科技等所有领域一争高下。

宇宙开发技术是可能应用于导弹等军事行动的技术，它既能展示己方的优势，也能起到很好的宣传作用，因此双方在这一技术上的竞争尤为激烈。竞争围绕开拓宇宙展开，双方都想率先发射人造卫星，率先把人类送入太空。

1957年10月4日，苏联成功发射了第一颗人造卫星"斯普特尼克1号"。次月，又成功发射了载有小狗莱卡的"斯普特尼克2号"，首次将生物送入太空。1961年4月12日，载着宇航员加加林的苏联宇宙飞船"东方1号"成功发射，实现了人类首次载人航天。可见，早期的宇宙开发是苏联大获全胜。

1963年，苏联宇航员捷列什科娃成为第一个进入太空的女性，她当时说的"我是海鸥"也成了名言。

围绕宇宙开发展开激烈竞争

早期的宇宙开发

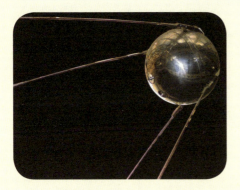

上图是"斯普特尼克 1 号"的复制品。直径 58 厘米、球体、装有天线。

(图片:NASA)

上图是"斯普特尼克 2 号"上载着的小狗莱卡。

(图片:Alexander Chernov)

上图是世界上第一位进入太空飞行的宇航员加加林。他留下了"地球是蓝色的"这句名言。

(图片:NASA)

上图是"东方 1 号"的返回舱(实物)。

(图片:RSC Energia)

这一时期,苏联一路领先。

肯尼迪志在必得的"阿波罗计划"

在探索月球方面,苏联一度领先美国。1959年9月,苏联的月球探测器"月球2号"成为第一个造访月球的人造物("月球2号"的着陆方式是撞击,即硬着陆)。次月,"月球3号"成功拍摄到了人类历史上第一张月球背面的照片。

远远落后的美国自然不甘示弱。1961年,43岁的肯尼迪就任美国总统,他誓言"10年内将人类送上月球"。载人月球探测计划"阿波罗计划"随即启动。不过,送人类去月球并不能立刻实现。于是,美国从基础研究开始做起了无人月球探测。而苏联也以载人月球探测为目标,接连向月球发射了无人探测器。

指令长阿姆斯特朗的那句名言应该没有人不知道吧。

美国在激烈的载人月球探测竞争中获胜。1969年7月20日,"阿波罗11号"的登月舱"鹰号"载着两名宇航员,在月球表面的"静海"(月球表面"兔子脸"图案的位置)成功着陆。随后,指令长阿姆斯特朗在月球表面印下了人类最初的足迹。

以国家威信为赌注的载人月球探测竞争

首次目睹月球背面的人类

左图这张月球背面照片由苏联的"月球3号"拍摄。虽然照片模糊不清,但这是人类第一次看到月球背面。

以美国威信为赌注的阿波罗计划

1961年5月,在美国上下院联席会议上,肯尼迪总统宣布月球登陆计划"阿波罗计划"正式启动。他誓言"10年内将人类送上月球"。

大约8年之后……

1969年7月20日晚10时56分15秒(美国东部夏令时),"阿波罗11号"的指令长阿姆斯特朗成为人类有史以来第一个在月球表面印下足迹的人。他留下了"这是我个人的一小步,却是全人类的一大步"这句名言。

(图片:均来自NASA)

"阿波罗11号"从发射到返回地球

下面介绍"阿波罗11号"从发射、登月到返回地球的全过程。右图是"阿波罗11号"的成员。

"阿波罗11号"的成员。左起分别为指令长阿姆斯特朗、指令舱驾驶员科林斯、登月舱驾驶员奥尔德林。

⑦服务舱分离,指令舱独自返回地球。

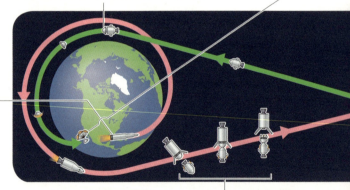

①在肯尼迪航天中心发射。

搭载"阿波罗11号"的土星5号运载火箭发射时的场景(1969年7月16日)。

②宇宙飞船(指令舱、服务舱、登月舱)脱离土星5号运载火箭。

右图是"阿波罗11号"的指令舱和服务舱。宇航员乘坐在圆锥状的指令舱内,圆筒状的服务舱装有发动机、燃料、水、氧气等物资。指令舱连接登月舱后一同前往月球。

美国国家航空航天局会为每次探测任务制定徽标。"阿波罗11号"的任务徽标是一只鹰抓着橄榄枝。

⑧顺利返回。

上图是顺利返回地球并降落在太平洋的"阿波罗11号"指令舱（1969年7月24日）。

④登月舱的上升级离开月球。

返回时，点燃登月舱上升级的发动机，然后离开月球表面，与正在月球上空环绕运行的指令舱、服务舱对接。宇航员移动到指令舱后，抛下登月舱再飞向地球（1969年7月21日）。

⑤登月舱与指令舱、服务舱对接。

③登月舱分离，在月球表面着陆。

在月球表面成功着陆！（1969年7月20日）。

⑥分离登月舱飞向地球。

左图是刚与指令舱、服务舱分离的"阿波罗11号"登月舱（1969年7月19日）。

上图是正在设置月球地震（月震）测量机器的宇航员奥尔德林。

（图片：均来自NASA）

了解更多！

阿波罗计划中各探测器的任务

"阿波罗计划"从1967年持续至1972年，飞船编号从1号到17号。下面就来介绍一下这些飞船各自的任务吧！

一起成为"阿波罗迷"吧！

阿波罗1号至7号
（1967年1月至1968年10月）

1号在发射模拟演练中发生指挥船火灾事故，3名宇航员死亡。2号和3号空缺，4号、5号、6号执行无人测试飞行任务。从7号开始第一次载人飞行。

阿波罗8号
（1968年12月）

首次在月球的环绕轨道上飞行，直接用肉眼看到了月球背面。右图是"阿波罗8号"拍摄的"地出"。从这张被称为"史上最具影响力的照片"中不难看出，地球也只不过是一颗小星球而已。

阿波罗9号
（1969年3月）

它的任务是环绕地球飞行、测试登月舱的性能等。

阿波罗10号
（1969年5月）

完成月面着陆前的所有步骤，确定预定着陆地点是否安全。

阿波罗 12 号
（1969 年 11 月）

"阿波罗 11 号"登月 4 个月后，"阿波罗 12 号"成功登月，并将先前在附近着陆的无人月球探测器的摄像机带回了地球。

阿波罗 13 号
（1970 年 4 月）

在飞向月球途中，服务舱的氧气罐发生爆炸，未能实现月面着陆。船员们躲进登月舱避难，绕月球飞行 1 周后返回地球。船员们的出色表现战胜了危机，使得这次任务"虽败犹荣"。下图是为平安返回而欢欣雀跃的美国国家航空航天局的工作人员。

阿波罗 15 号
（1971 年 7 月）

首次使用月球车。

阿波罗 17 号
（1972 年 12 月）

最后一次登月。下图是"阿波罗 17 号"拍摄的地球照片，被称为"蓝色弹珠"。一同前往的地质学家在月球上进行了正规的地质勘探。

（图片：均来自 NASA）

阿波罗计划带回地球的月球岩石（左图）大约有 380 千克。许多月球岩石的形成年代要比地球上发现的岩石早得多，这对研究月球和地球的起源会有很大帮助。

了解更多！

破解"阿波罗计划阴谋论"

电视节目中常有"其实阿波罗从未登月""人类登月是弥天大谎"这样的言论。这是真的吗？下面我们就来验证一下"阿波罗计划阴谋论"中提到的"从未登月的证据"。

【疑惑①】月球表面飘扬的星条旗！

[证据] 宇航员竖立在月球表面的美国国旗（星条旗）随风飘扬。月球上没有大气，星条旗不可能飘起来，这张照片肯定是在布置成月球表面样子的地球上的摄影棚内拍摄的。

[验证] 其实旗子被悬挂在水平伸出的伸缩杆上，而宇航员并未完全拉出伸缩杆，所以旗子呈现出了略微波动的状态。宇航员认为"这样更好看"。如此看来，旗子并非随风飘扬。

【疑惑②】空中没有星星！

[证据] 宇航员拍摄的照片中看不到其他星星。所以，照片是在地球上的摄影棚内拍摄的。

[验证] 这是因为星光很弱，在照片中显示不出来。为了拍摄出清晰的宇航员，就要降低照相机的快门速度（增加曝光时间），以至于星星的微光无法显现。

【疑惑③】影子不平行！

[证据] 在月球表面的一些照片中，宇航员的影子与月球表面岩石的影子不是平行的。既然是太阳光照射产生的影子，应该全都平行才对，所以这些是伪造的照片。

[验证] 影子之所以不平行，原因在于透视关系。地球上也是如此。我们只要找一个晴天，在太阳位置较低的时候来到户外，比较一下近处物体的影子与远处物体的影子，就会发现它们看起来并不是平行的。

【疑惑④】没有火箭喷射制造的凹坑！

[证据] 在登月舱的照片中，并未看到登月舱发动机喷射时在月球表面制造的凹坑。

[验证] 登月时，用很弱的喷射力就能着陆。另外，发动机喷射出的气体很容易扩散到周围的真空中，因此无法制造凹坑。

（图片：均来自NASA）

"未曾登月的证据"不胜枚举，这里就不一一验证了。

也就是说，那些言论都是假的，而人类真的去过月球！

下一个目标是探测火星

20世纪60年代,美国和苏联争相开展探月计划的同时,也向火星发射了探测器。不过,火星比月球遥远,发射探测器也相对困难,因此两国经历了一次又一次的失败。

美国的"水手4号"是第一个成功造访火星的探测器。该探测器于1965年7月在火星附近掠过,拍摄了火星表面的照片,照片上的火星遍布环形山。当时,几乎没有哪个科学家相信火星人的存在,但有不少人认为火星上可能生长着植物,至少也该有原始生命,而"水手4号"拍摄的照片将这些渺茫的希望一举击碎了。

1971年11月,美国的"水手9号"进入火星环绕轨道,成为火星的第一颗人造卫星,它拍摄到了70%的火星表面。在这些照片中,我们看到了火星上起伏的地形——奥林匹斯山、水手峡谷(见第37页)等,甚至还看到了水流冲刷的痕迹。水能孕育生命,因此人类越发期待在火星上找到生物。

人类不仅探测了月球,也探测了火星。

火星上有生命吗

早期的火星探测器

"水手 4 号"（上图）拍摄的火星表面的照片（右图）。如同月球表面一样，火星表面也有许多环形山。

这样的地方怎么可能存在生命啊。

"水手 9 号"（左图）拍摄的火星表面，能看到貌似水流冲刷的痕迹（下图）。

咦？竟然有水流冲刷过的痕迹。如果火星上曾经有水，是不是意味着也存在过生物。

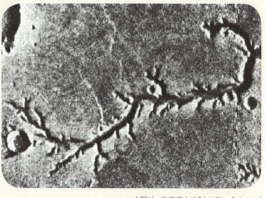

（图片：均来自 NASA/JPL-Caltech）

"海盗号"探测器完成了哪些生物探测实验

火星上有生命吗？为了寻找这一问题的答案，美国于1976年将"海盗1号"和"海盗2号"先后送入火星。它们此行的目的是寻找现今存活的火星生物，或者曾经存在过的生物留下的痕迹。

"海盗号"的着陆器在火星上做了3个生物探测实验。第1个实验是加热火星土壤，在产生的气体中寻找有机物（生命诞生不可或缺的含碳化合物）。第2个实验是向土壤中加入营养液，分析产生的气体中是否有生物消化营养排出的二氧化碳。第3个实验是用光照射土壤，观察是否会发生光合作用。

然而很遗憾，实验结果是"既未找到现今存活的生命，也未找到曾经存在过的生命留下的痕迹"。科学家们大失所望。不过，着陆器只调查了1平方米范围内的火星表面，而且只是最表层的土壤。如果调查其他地点或者向地面深处挖掘，或许会得到不同的结果。

"海盗号"使用机械臂采集火星表面的土壤。

生命探测徒劳无功

研究火星的土壤

"海盗号"的着陆器

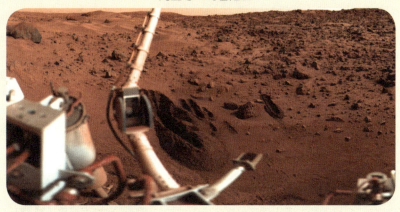

上图是火星土壤采样场景。在"海盗号"做的几个生物探测实验中,并未找到生命存在或存在过的证据。

(图片:NASA/JPL-Caltech)

从火星轨道上发送照片

"海盗号"的轨道飞行器

"海盗1号"和"海盗2号"均配备轨道飞行器和着陆器,轨道飞行器共发送了两万余张火星照片。

在"海盗1号"轨道飞行器拍摄的火星表面照片中,发现了酷似人脸的巨大岩石(长约3千米、宽约1.5千米)。有人认为它是人造物,但实际却是光照所致。

(图片:均来自NASA/JPL-Caltech)

照片里的人脸一定是火星人建造的!

光影形成了眼睛、鼻子和嘴。

了解更多！

20世纪后期，探测其他行星

随着载人登月竞争告一段落，人类在20世纪70年代向比火星更遥远的木星、土星、天王星、海王星，以及比地球更靠近太阳的金星和水星发送了众多探测器。

金星、水星探测

金星探测始于20世纪60年代，这项计划起初经历了许多失败。1970年，苏联的"金星7号"无人探测器在金星上成功软着陆，将表面温度475摄氏度、表面气压90个标准大气压的数据发回地球。此前人们一直以为，金星比地球更靠近太阳，那里的环境应该如同地球的热带，不料这颗行星竟然如此灼热。1975年，"金星9号"和"金星10号"无人探测器首次拍摄到了金星表面的模样。

"金星9号"探测器

（图片：Lavochkin Association）

"金星9号"和"金星10号"拍摄的金星表面

可以看到探测器脚下的地形。
（图片：http://sovams.narod.ru/Venera/9-10/intro.html）

1973年，美国发射了金星和水星探测器——"水手10号"（无人探测器）。该探测器于1974年接近水星，首次从近处拍摄到了水星。我们因此得知水星表面像月球一样遍布环形山。

"水手 10 号"探测器

（图片：NASA）

"水手 10 号"拍摄的水星

（图片：NASA/JPL/USGS）

探测木星和土星的先驱者号探测器

1972 年，阿波罗计划结束时，美国发射了"先驱者 10 号"无人探测器。该探测器于 1973 年接近（飞越）木星，首次从近处拍摄到了木星。同年，其姊妹机"先驱者 11 号"发射，它于 1974 年接近木星（比先驱者 10 号更近），1979 年接近土星。

向木星接近的"先驱者 10 号"（想象图）

（图片：NASA）

"先驱者 10 号"拍摄的木星（实物）

（图片：NASA）

向土星接近的"先驱者 11 号"（想象图）

（图片：NASA）

"先驱者 11 号"拍摄的土星（实物）

（图片：NASA Ames）

人类已经探测过这么多行星了呀。

Part 3　人类探索宇宙的历程

旅行者号探测器进行的行星探测

1977年9月，美国发射了"旅行者1号"无人探测器，该探测器于1979年接近木星，1980年接近土星。其姊妹机"旅行者2号"是在更早的1977年8月发射的，该探测器于1979年接近木星，1981年接近土星，1986年接近天王星，1989年接近海王星。迄今为止，只有"旅行者2号"接近过天王星和海王星。

旅行者号探测器（想象图）

（图片：NASA/JPL）

"旅行者1号"拍摄的木星大红斑（巨大的台风）

（图片：NASA'S Goddard Space Flight Center）

"旅行者2号"拍摄的土星环

（图片：NASA/JPL）

"旅行者2号"拍摄的天王星（左）和海王星（右）

（图片：均来自NASA/JPL）

旅行者号探测器拍摄的行星让许多人着迷，并在世界范围内掀起了关注宇宙热潮。

飞出太阳系

结束了行星探测任务的"先驱者 10 号"和"先驱者 11 号"、"旅行者 1 号"和"旅行者 2 号",至今仍在向着太阳系外继续飞行。"旅行者 1 号"于 2012 年飞出了太阳系,"旅行者 2 号"则于 2018 年飞出了太阳系。截至 2019 年 3 月,"旅行者 1 号"与地球之间的距离约为 217 亿千米,"旅行者 2 号"与地球之间的距离约为 180 亿千米。

（图片：NASA/JPL-Caltech）

"旅行者 1 号"是距离地球最远的人造物。

"旅行者 1 号"飞出太阳系的想象图

探测器携带着"给外星人的信息"

"先驱者 10 号"和"先驱者 11 号"携带了描绘人类和太阳系信息的金属板（左下图）。"旅行者 1 号"和"旅行者 2 号"携带了镀金铜唱片（右下图），上面刻录着动物的叫声、大自然的声音、55 种人类语言的问候语等等。这些信息都是为那些在遥远的将来可能遇到的外星人准备的。

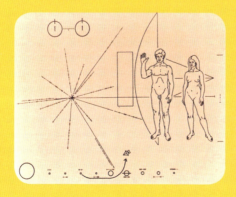

（图片：均来自 NASA）

月球与行星探测陷入低潮的时代

人类接连向各种各样的天体发送探测器,但到了20世纪80年代,月球与行星探测却陷入低潮。20世纪80年代,人类就不再向月球发送探测器了,探测天王星和海王星的"旅行者2号"是在20世纪70年代发射的。

陷入低潮的原因之一,在于"前沿探索"宣告结束了。从载人登月成功到无人探测器造访太阳系的各个行星,人类从中获得了极大的满足。况且,就算想做出新的尝试,例如将人类送上火星,以当时的科技水平来说也不可能实现。

此外,在20世纪70年代,美国与苏联的对立关系有所改善,进入"美苏缓和"时期。两国不再竞相开发宇宙,月球与行星探测因此搁置。

取而代之的是人类开始向开发近地宇宙空间投入力量。美国的航天飞机(可重复使用的太空运输机)计划就是其中的代表。

航天飞机计划研究的是如何将运载火箭变为可重复使用的航天器。

宇宙探索的新动向

航天飞机计划

航天飞机是美国发射的载人宇宙飞船。从 1981 年到 2011 年，共发射了 135 次。这使得重复使用轨道飞行器变为可能。航天飞机在运送人造卫星和探测器、建设国际空间站（见第 122 页）等方面，做出了巨大的贡献。航天飞机并非只有功而无过，"挑战者号"（1986 年）和"哥伦比亚号"（2003 年）就因事故而解体，造成 14 名宇航员丧生。

右图是"发现号"发射时的场景。轨道飞行器底部的外置燃料箱及其两侧的固体火箭助推器为一次性装置。

（图片：NASA）

右图是返回地球的"奋进号"。
（图片：NASA）

哈雷彗星的国际联合探测

下图是 1986 年的哈雷彗星。　（图片：NASA/W.Liller）

哈雷彗星是拖着长尾巴的著名彗星，大约每 76 年接近太阳一次。上一次接近是在 1986 年，美国、苏联、欧洲和日本联合向哈雷彗星发送了探测器。这是一次划时代的国际联合探测，开启了发达国家合作开发和探测宇宙的时代新篇章。

上图是欧洲的"乔托号"。
（图片：NASA）

左图是美国和欧洲的"国际彗星探测器"。
（图片：NASA）

上图是日本的"彗星号"。
（图片：JAXA）

再度掀起月球热

球探测计划停滞许久之后，于20世纪90年代恢复生机。恢复的契机在于一个重量仅有230千克的小型探测器。

1994年，美国向月球发射了"克莱芒蒂娜号"无人探测器。这是继"阿波罗17号"完成任务之后，时隔22年，美国又一次发射月球探测器。该小型探测器在月球上发现了出人意料的东西——"水"。"克莱芒蒂娜号"观测数据的分析结果显示，月球的极地（北极和南极）有可能存在水。

即使月球上有水，也并非以海洋或河流的形式存在，而是以冰的状态存在。

1998年，美国向月球发射了"月球勘探者号"探测器。观测数据再次显示，月球上有可能存在大量的水，这一发现令全世界为之震惊。

在太空里，人类最需要的就是水。水除了可以饮用，还可以通电分解成氢气和氧气，为呼吸提供所需的氧气。此外，氢气和氧气还能用作火箭燃料和助燃剂。如果月球上真的有水，将对未来的月球开发提供极大的帮助。

月球仍是"未知的天体"

美国发射的月球探测器

"克莱芒蒂娜号"

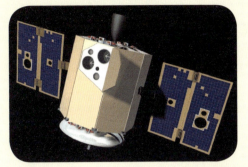

该探测器除了在可见光波段，还在紫外线和红外线波段拍摄月球，并用激光测量月球高度，从而获得了月球地形和地质的详细数据。探测结果显示，月球的极地有可能存在水。

（图片：NASA）

"月球勘探者号"

该探测器用各种仪器对月球的极地（北极和南极）进行了观测。为了证实月球上存在水，它执行了撞击月球表面的最后任务，其间，由哈勃太空望远镜和地球上的天文台负责观测飞散物质。

（图片：NASA）

为什么月球的极地（北极和南极）有水

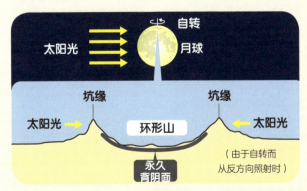

永久背阴面非常寒冷，温度低于零下238摄氏度！

由于月球的自转轴几乎垂直于太阳方向，所以太阳光是从正侧面照射月球的。又因为月球极地处的环形山（陨坑）的坑缘高高隆起，从正侧面照射过来的太阳光被坑缘阻挡无法到达坑底，于是形成"永久背阴面"。月球表面没有大气，液态水会蒸发飞去太空，但在太阳光照射不到的温度极低的永久背阴面，水有可能以冰的形式保存下来。

是时候"重返月球"了

月球上可能存在水这一发现,意味着月球上仍然存在未知事物等待人类去探索。人们原本以为登月便意味着"征服"月球,却不料月球仍是"未知的天体"。于是,"重返月球"的呼声越来越高。时机成熟了,人类要重回月球。

2003年9月,欧洲研发的"斯玛特1号"月球探测器发射升空。该探测器同"隼鸟号"一样使用了电力推进(离子推进器),它于2004年11月进入月球环绕轨道,进行了多种观测。

2007年9月,日本发射了"月亮女神号"月球探测器。"月亮女神号"是搭载了14台观测仪器的大型月球轨道飞行器,肩负绘制月面详细地图等多个科学观测任务。它还通过高清摄像机拍摄了"地出"等美景。

2009年6月,"月亮女神号"在人为控制下降落月球表面,结束了探测任务。不过,"月亮女神号"发回的海量观测数据至今仍在解析中,关于月球的真相将逐步浮出水面。

"地出"如同地球上的日出,指的是地球从月球地平线上升起的现象。

重返月球

"斯玛特1号"

"斯玛特1号"是欧洲航天局（ESA，由22个欧洲成员国组成的航天机构）研发的第一个月球探测器。以研发先进技术为主要目的，借助电力推进（离子推进器）抵达月球。右图是"斯玛特1号"借助离子推进器飞行时的想象图。

（图片：ESA）

"月亮女神号"

上图是日本的"月亮女神号"月球探测器观测月球时的想象图。探测器（主体）的重量约为3吨，是继阿波罗计划之后最大的月球探测器。图中稍远处是两个子探测器，它们负责轮流向地球发送电波通信等。

（图片：JAXA/SELENE）

"月亮女神号"的观测成果

"月亮女神号"观测的数据，有助于我们更加了解月球。下面就来介绍主要的观测成果。

发现"月球垂直洞穴"

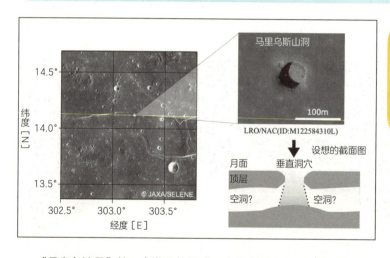

这个洞窟将来有可能成为月球基地！

"月亮女神号"的一大发现就是"月球垂直洞穴"。不同于环形山，"月球垂直洞穴"是真正的"洞穴"。上方的照片显示出在月球正面"风暴洋"以西的"马里乌斯山"，发现了直径 65 米、深 80~90 米的垂直洞穴（马里乌斯山洞）。"月亮女神号"在月球表面共发现了 3 处垂直洞穴。

2017 年，通过分析数据发现，马里乌斯山洞下方似乎分布着宽约 100 米、绵延 50 千米左右的空洞。该空洞可能是以前熔岩喷出后形成的"熔岩管（天然管道）"。进入洞窟内就能避开宇宙射线和陨石，那里温度变化也不大，人们期待着将来有一天可以将这些洞窟作为月球基地直接使用。（图片：ISAS/JAXA）

"满地出"

"月亮女神号"搭载的高清摄像机拍摄了许多美景。其中最有名的就是,随着探测器环绕月球飞行,浑圆的地球从月球地平线上升起的"满地出"。"谷歌月球"也使用了该探测器拍摄的影像。

(图片:JAXA/NHK)

"月亮女神号"查明的月球地形

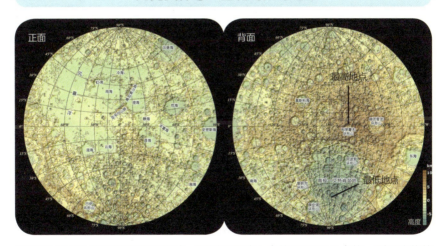

"月亮女神号"搭载的激光高度计,观测了月球上大约 677 万个点位。利用这些数据,日本国立天文台和日本国土地理院联合绘制了比以前更为详细的月球地形图(上图)。通过"月亮女神号"的观测,我们知道了月球的最高处和最低处都在月球背面。最高处位于"狄利克雷—杰克逊盆地"这一大型环形山的南缘,高 10.75 千米。最低处位于"南极—艾特肯盆地"中的"安东尼亚迪"环形山内,测定深度为 9.06 千米。

(图片:日本国立天文台/日本国土地理院/JAXA)

了解更多！

日本的宇宙开发史

在美苏两国以国家威信为赌注反复展开宇宙开发竞争，试图将人造卫星和人类送入太空的 20 世纪 50 年代，日本由小小的"铅笔火箭"开始了宇宙开发。该火箭于 1955 年成功发射，它是一枚长 23 厘米、重 200 克的实验用火箭，尽管只有铅笔那么大，但也很了不起。其制造者是东京大学的丝川英夫博士。"隼鸟号"造访的小行星"丝川"，就是以丝川博士的名字命名的。

在"阿波罗 11 号"实现人类登月的第二年，即 1970 年，日本利用固体运载火箭 L-4S，成功发射了日本第一颗人造卫星"大隅号"。继苏联、美国、法国之后，日本成为世界上第 4 个成功发射人造卫星的国家。距铅笔火箭发射仅过了 15 年，日本就完成了这一壮举。

该固体运载火箭由继承丝川博士研究室的"日本宇宙科学研究所（ISAS）"制造。与之相对，国家创建的独立宇宙开发机构是"宇宙开

左图是被誉为"日本宇宙开发和火箭研发之父"的丝川英夫博士和铅笔火箭。

图1　图2

发射升空的 L-4S 运载火箭（图1）。日本第一颗人造卫星"大隅号"（图2 是该卫星的模型）成功发射。

上图是 N-1 运载火箭。它是使用美国三角洲运载火箭技术的 3 级式液体火箭。

上图是 H-1 运载火箭。它是使用日本技术制造第 2 级、第 3 级火箭和制导装置的液体火箭。

上图是 M-3S2 运载火箭。它是发射了"彗星号"和"飞天号"的固体火箭。

发事业集团（NASDA）"，最初引进美国技术研发液体火箭。N-1 运载火箭、H-1 运载火箭等，都是液体火箭。不久，宇宙开发事业集团便研制出了主要部件几乎全用日本技术制造的 H-2 运载火箭（H-2A 运载火箭的上一代），并于 1994 年成功发射。液体火箭多用于发射大型通信卫星、广播卫星、气象观测卫星等卫星。

另一方面，日本宇宙科学研究所研制出了日本自主开发的 Mu 系列固体运载火箭（M-3C、M-3S2、M-5 等）。这些火箭主要用于发射小型科学卫星，包括"天鹅号"X 射线天文卫星（1979 年发射）、"彗星号"哈雷彗星探测器（见第 103 页）、进入月球环绕轨道运行的"飞天号"实验探测卫星（1990 年发射），等等。

2003 年，日本宇宙科学研究所、日本宇宙开发事业集团和日本航空宇宙技术研究所（NAL）这三个组织合为一体，成立了日本宇宙航空研究开发机构（JAXA），并延续至今。

（图片：均来自 JAXA）

火星探测重启后遇到的重重困难

接下来，让我们将目光转向20世纪90年代之后的火星探测。自美国的"海盗号生命探测"项目结束以后，人类在一段时间内停止了火星探测。直到1988年，苏联发射了"火卫一1号"和"火卫一2号"探测器，宣告火星探测重启，但这两个探测器均未完成任务。

进入20世纪90年代，火星探测陷入僵局。1992年发射的"火星观察者号"（美国）、1996年发射的"火星96"（俄罗斯）、1998年发射的"火星气候探测者号"和"火星极地着陆者号"（均为美国），都以失败告终。"希望号"是1998年日本发射的第一个火星探测器，虽然该探测器在2003年到达距离火星约1000千米的位置，但未能按预期计划进入火星环绕轨道，最终与火星擦肩而过。

在此期间，美国的"火星探路者号"和"火星全球勘探者号"（均于1996年发射）顺利抵达火星，并带来了一些新的发现，例如在火星表面发现了水流痕迹等等。

"希望号"搭乘M-5运载火箭3号机，从日本鹿儿岛县的内之浦宇宙空间观测所发射。

火星探测的失败与成功

"希望号"的悲剧

（图片：JAXA）

1998年7月，日本发射了第一个火星探测器"希望号"，该探测器此行的目的是一边环绕火星飞行，一边探测火星的大气和磁场。然而，"希望号"在飞向火星的途中多次发生故障，由于驱动装置未能正常工作，最终只好放弃进入火星环绕轨道。2003年12月，"希望号"从距离火星约1000千米远的位置一掠而过。

偏离轨道的"希望号"会成为太阳系中半永久航行的探测器。

顺利抵达火星

"火星探路者号"

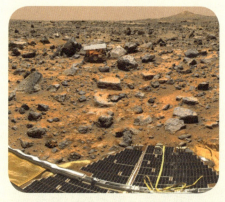

"火星全球勘探者号"

上图是在火星着陆的"火星探路者号"（照片下方）和"索杰纳号"火星车的实拍图。着陆器搭载了摄像机和气象观测装置等，用于观测火星的地表和气象。探测车也搭载了相关的仪器，用于研究火星地表的成分。

"火星全球勘探者号"在环绕火星飞行的同时，拍摄了火星表面的精细图像。并使用各种观测仪器对火星的地质、地形、引力、气候等进行了观测，进而发现火星表面曾经有水流动的证据。

（图片：均来自NASA/JPL）

接连送往火星的探测器

进入21世纪,火星探测仍在继续。探测的最大目的仍是寻找火星生命。人类吸取了"海盗号"探测器失败的教训,打消了直接寻找"生命"的念头,转而向其他方向投入力量,比如探测火星上是否存在生命诞生所必需的"水",找到可能存在生命(包括痕迹)的环境,等等。

2001年,美国发射了"2001火星奥德赛号"探测器,该探测器在半年后抵达火星,并发现火星地表浅层很有可能存在大量的冰。2004年,美国的"勇气号"和"机遇号"火星车在火星表面着陆,开始了它们的探测任务,并在着陆地点发现曾经存在大量水的证据,由此引发热议。

后来,美国、欧洲、俄罗斯(与欧洲合作)、印度的探测器接连被送往火星。截至2019年6月,在火星周围及表面运行的探测器(轨道飞行器和探测车)数量已经达到了8个。

许多国家都在参与火星探测。

开启探寻火星生物的第二篇章

探测火星的地下

"2001 火星奥德赛号"

右图是"2001 火星奥德赛号"探测火星地下结构的想象图。该探测器观测了火星表面的水流痕迹、矿物分布、辐射环境等,以此来研究火星是否具备孕育生命的条件。探测的另一目的是确认火星的环境是否适合将来人类移居至此。

(图片:NASA/JPL/University of Arizona/Los Alamos National Laboratories)

发现曾经存在水的证据

"火星探测漫游者"

火星探测漫游者计划的任务:将两辆孪生无人探测车"勇气号"和"机遇号"(上图是在火星上探测的想象图)送往火星;对火星表面的地质进行详细的探测;证明火星上曾经存在水。

机遇号发现的花岗岩上分布着许多小洞。目前认为,这是盐等物质的结晶溶于水后留下的痕迹,它被视为火星上曾经存在水的有力证据。

(图片:均来自 NASA/JPL/Cornell University)

火星上曾经有"海",如今有"河"和"地下湖"

下面介绍火星探测器在"探寻生物"的过程中有哪些发现。

"火星快车号"(右下图)是欧洲在 2003 年发射的火星探测器。2012年,该探测器的雷达发现了火星上曾经存在"海"的证据。右上图中蓝色部分被认为是距今 40 亿年前,火星被海覆盖的范围。2015 年,科学家们在地球上用巨型望远镜观测火星的大气,以此来推测火星上曾经存在多少水,观测结果显示火星北半球曾经被广阔的海洋覆盖。

(图片:右上图,ESA,C.Carreau;右下图,NASA/JPL/Corby Waste)

火星上曾经有广阔的海洋吗?

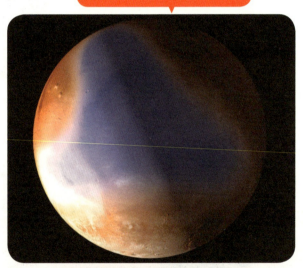

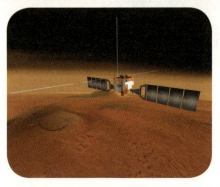

这是水流冲刷的痕迹吗?

左下图是美国的火星探测器"火星勘察轨道飞行器（MRO）"。该探测器于2005年发射，它发现了火星表面有许多暗条纹（左上图）。这些条纹一到温暖的季节就会出现，因此人们推测其很可能是地表下方的冰融化渗出所致，这一现象被视为火星上现在依然存在水的证据。但近年来，有人提出了不同的观点，认为这些痕迹并非流水所致，而是沙土滚下斜面形成的。

(图片：左上图，NASA/JPL-Caltech/UA/USGS；左下图，NASA/JPL/Corby Waste)

火星上有地下湖吗?

2018年，研究人员通过"火星快车号"的雷达测量仪对火星地下进行了探测，结果表明火星南极的地下存在液态水或富含水的地层。

(图片：Context map: NASA/Viking; THEMIS background: NASA/JPL-Caltech/Arizona State University; MARSIS data: ESA/NASA/JPL/ASI/Univ. Rome; R. Orosei et al 2018)

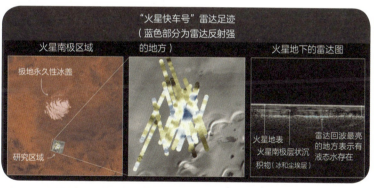

左图是火星的南极。中间图中的蓝色部分为雷达反射强的地方。右图是火星地下的雷达图，浅蓝色的部分表示有水存在。

地球南极也有名为"沃斯托克湖"的地下湖，已经探明湖中存在微生物。由此推测，火星的地下湖中或许也会存在微生物。

Part 3 人类探索宇宙的历程

了解更多！

20 世纪 90 年代以来，其他行星与卫星的探测计划

除了月球和火星探测，人类从 20 世纪 70 年代开始，还对金星、水星、木星、土星等行星进行了探测（见第 98~101 页）。下面介绍 1990—2000 年，对月球和火星以外的其他天体进行的探测。

木星和土星的"冰卫星"上隐藏着海

美国的"伽利略号"木星探测器（1989 年发射，1995 年抵达木星）、美国和欧洲联合发射的"卡西尼号"土星探测器（1997 年发射，2004 年抵达土星），分别对木星和土星的卫星进行了观测。结果发现，一些卫星虽然表面被冰覆盖，但冰的下面却是广阔的液态海洋。目前认为，液态海洋的形成是因为卫星在木星或土星巨大潮汐力的作用下产生热量使冰融化。另外，还证实了土卫二的地下海确实会通过裂缝向外喷水。

"伽利略号"木星探测器

"卡西尼号"土星探测器

（图片：均来自 NASA/JPL）

下图是伽利略号拍摄的木卫二

（图片：NASA/JPL-Caltech/SETI Institute）

下图是土卫二地下海的想象图

（图片：NASA/JPL-Caltech）

探测水星、金星

美国的"信使号"水星探测器（2004年发射，2011年进入水星环绕轨道），为了探明水星的真实情况，进行了水星的化学成分、磁场、核心大小及状态等多项观测。日本的"拂晓号"金星探测器于2010年5月从日本种子岛宇宙中心发射，一度入轨失败，直到2015年12月才成功入轨。该探测器正在执行观测金星大气的任务。

"信使号"水星探测器

"拂晓号"金星探测器

（图片：上图，NASA；下图，JAXA）

探测遥远的冥王星

冥王星曾被认为是太阳系的第九行星，2006年被重新归类为"矮行星"。美国的"新视野号"探测器于2015年飞越冥王星，首次拍摄到了冥王星的真实面貌。2019年1月，该探测器对海王星外天体（在海王星外侧运行的小天体的总称）"天涯海角"进行了观测。

"新视野号"探测器

"新视野号"拍摄的冥王星

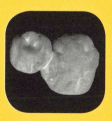

天涯海角

（图片：中间图和右下图，NASA/Johns Hopkins University APL/Southwest Research Institute；左下图，NASA/JHUAPL/SWRI）

了解更多！

探测小行星，
带回"太阳系的化石"

　　小行星就是小的"行星"，它们像行星一样围绕太阳运转。卫星是围绕行星运转的小天体，由此可以看出卫星和小行星并不相同。

　　小行星大多集中在火星和木星之间的"小行星带"。通常认为，行星是在距今 46 亿年前，由无数的小岩石不断聚结、成长，变大后形成的。而小行星带附近的岩石，由于受到先形成的木星的巨大引力的影响，未能顺利聚结，于是以小岩石的形态留存下来成为小行星。这些小行星就像"太阳系的化石"，将太阳系曾经的状态呈现在人类面前。另外，研究小行星的成分，还有助于解开万众瞩目的"生命起源之谜"，即生命不可或缺的水和有机物是如何从太空来到地球的。

　　小行星带以外的空间也有小行星。地球附近的小行星被称作"近地小行星"。日本发射的"隼鸟号"和"隼鸟 2 号"小行星探测器，造访的就是这样的小行星，它们的任务是将小行星上的岩石样本带回地球。

　　"隼鸟号"在 2003 年 5 月发射，一边测试离子推进器一边前往小行星丝川，并于 2005 年抵达目的地。2010 年 6 月 13 日，"隼鸟号"再入地球大气层并被烧毁，而装有样本的密封舱则被顺利回收。样本是很小的微粒子，后来被证实其的确

来自丝川。

2014年12月,"隼鸟2号"发射,它于2018年6月抵达小行星龙宫,并于2020年年末携带龙宫样本返回地球。美国因"隼鸟号"的成功而备受鼓舞,于是向小行星贝努发射了"源光谱释义资源安全风化层辨认探测器(OSIRIS-REx)"。该探测器于2018年12月抵达目的地,预计将于2023年携带样本返回地球。

寻找解开"生命诞生之谜"的岩石

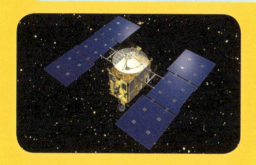

"隼鸟号"(左图、电脑图像)和小行星丝川(上图)。丝川长500多米。

(图片:均来自JAXA)

"隼鸟2号"(左上图、电脑图像)和小行星龙宫(右上图)。龙宫的直径约为900米。

(图片:左上图,JAXA;右上图,JAXA/东京大学等)

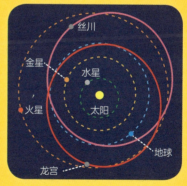

丝川与龙宫的轨道

"奥西里斯王号"(图1、电脑图像)和小行星贝努(图2)。贝努和龙宫形状几乎一模一样。贝努直径约为500米。

(图片:图1,NASA/GSFC;图2,NASA/Goddard/University of Arizona)

国际空间站的前景

国际空间站（ISS）是建在距离地表约 400 千米高空中的巨型载人实验设施，长约 109 米、宽约 73 米，大小相当于一个足球场。国际空间站围绕地球运转 1 周大约需要 90 分钟，研究人员可以在空间站做宇宙实验和研究、观测地球和天体等。

国际空间站是由此前一直在宇宙开发上展开激烈竞争的美国和俄罗斯合作，欧洲各国和日本也参与其中的项目，从 1998 年开始

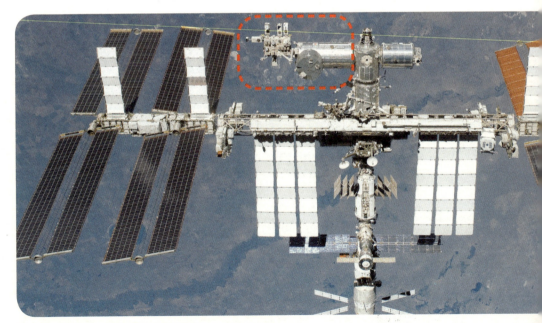

图 1 是 "奋进号" 航天飞机拍摄的国际空间站全景。（图片：JAXA/NASA）

建设。其结构部件由运载火箭和航天飞机（见第 103 页）分 40 多次发射至太空中，然后分阶段组装并于 2011 年完工。国际合作建设的国际空间站不仅仅代表了"宇宙无国界"，也是和平的象征。

自 2000 年起，宇航员开始在国际空间站长期驻留，大约每 6 个月交替一次（6 人常驻，每 3 个月替换半数人），宇航员的工作是在宇宙环境中做科学实验、维护国际空间站等。

协议规定，参与国使用国际空间站的限期是到 2024 年。之后，其使用权可能会转让给民营企业并用于商业行为。

国际空间站由多国合作建设。

宇宙无国界！

图1

图2

图3

日本负责研发、组装的"希望号"实验舱的外观（图1和图2），以及舱内实验室的样子（图3）。

（图片：均来自 JAXA/NASA）

Part 4
宇宙探索的未来

喂，是好学鼠吗？
我准备去月球，你要一起去吗？

进入 21 世纪，
人类正式开始向宇宙进发。
民间太空旅行、月球基地建设、
载人火星探测等计划全面启动。
本章将介绍最前沿的宇宙探索，
让我们一起看看宇宙探索的前景吧。

不了，我要在火星上多享受一阵子。

世界各国纷纷向月球进发

世界各国的月球探测规划图表

年 国家/联盟	—2010	2011	2012	2013	2014	2015	2016	2017	2018	2019
日本	月亮女神号（SELENE）									
美国	LRO LCROSS（环绕/碰撞）	圣杯号（GRAIL）		月球大气及尘埃环境探测器（LADEE）						
中国	嫦娥一号 嫦娥二号			嫦娥三号	其他 试验月球返回技术（无着陆）				嫦娥四号 月背着陆（2019年）	嫦娥五号
俄罗斯										
欧洲	斯玛特1号									2018年提出着陆器自主发射计划未被采纳。
印度	月船1号									月船2号
韩国										2019年前后用他国火箭发射

计划并非全部按照规划图表如期实施，也有推迟或中止的。不过，从图中仍能感受到世界各国向月球进发的"坚定决心"。

※ 截至2019年3月的计划。只记录国家或联盟的计划。

首先来看一看世界各国是如何开展月球探测的。

有这么多国家参与呢。

哇！啪啪

探测的类型

轨道飞行器　着陆器　探测车　取样返回　载人

2020	2021	2022	2023	2024	2025	2026	2027	2028	2029	2030—
	机灵号（SLIM）		月球极地探测（同印度合作）			深空门户	大力神（2026年前后）			
			Geophysical Network			深空门户	深空门户将从2022年开始建设。预计2026年完工。			
嫦娥六号 南极探测	嫦娥七号 南极着陆			嫦娥八号 重要的月面实验（时间不详） 其他						2030年前后 载人探测、月面基地
	Luna25		Luna26	Luna27 极地着陆	Luna28 极地取样	深空门户				2030年之前 载人探测
	以参与俄罗斯多个月球探测项目（Luna25/27）的形式实施计划。					深空门户				
			月球极地探测（同日本合作）							
					2025年前后 用本国火箭发射	深空门户				

※ 参照《世界各国为何要向月球进发（暂译名）》（佐伯和人著，日本讲谈社 Bluebacks，第16~17页）的图表制作。

Part 4　宇宙探索的未来

中国的月球基地建设计划

前，中国正在积极开展月球探测和月球开发的计划。以中国古代神话中住在月亮上的仙女"嫦娥"命名的"嫦娥计划"，是中国作为国家项目推进的一系列月球探测计划。

该计划初期阶段是发射月球轨道飞行器，即2007年发射的"嫦娥一号"和2010年发射的"嫦娥二号"。2013年，"嫦娥三号"在月球表面成功着陆。继苏联和美国之后，中国也实现了月面着陆（无人探测器的着陆）这一壮举。

2019年1月，"嫦娥四号"成为世界上第一个在月球背面（南极—艾特肯盆地内的冯·卡门环形山）成功着陆的探测器。由于月球背面无法与地球进行直接通信，"嫦娥四号"只能通过2018年5月发射的"鹊桥"中继卫星与地球通信。

2020年11月，"嫦娥五号"发射升空。同年12月，"嫦娥五号"的返回器携带月球样本返回地球。今后，中国仍将继续推进从"嫦娥六号"到"嫦娥八号"的探月计划，为实现载人月球探测和月球基地建设做准备。

"嫦娥四号"的主要任务是探测月球地形、矿物组成、表面结构等。

首次在月球背面成功着陆

月球基地建设的第一步

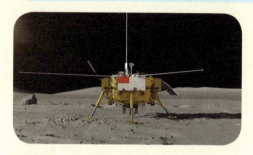

2019年1月3日,中国的"嫦娥四号"无人探测器在月球背面成功着陆,尚属世界首次。上图是"嫦娥四号"的想象图。

(图片:新华社)

上图是"嫦娥四号"拍摄的月球背面照片。图中可见刚驶抵月球表面的"玉兔二号"月球车。

(图片:中国国家航天局/中国科学院)

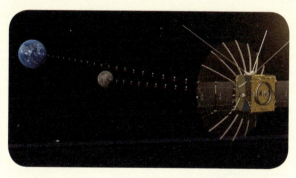

由于月球背面无法与地球直接通信,因此如左图所示,事先已向可以看到月球背面的地方发射了"鹊桥"中继卫星,通过它与"嫦娥四号"通信。

(图片:中国国家航天局/中国科学院)

植物发芽了

左图是在"嫦娥四号"内部做的实验,棉花的种子发芽了。此前,研究人员在国际空间站内部做过多次植物栽培的实验,但让植物在月球上发芽还是头一次。将来,人类要想在月球或火星上生活,必须确保植物和动物能够正常生长。

(图片:新华社)

美国的宇宙基地建设计划

中国在月球探测和月球开发上势头强劲,而美国也计划着卷土重来。2018年3月,美国公布了在月球环绕轨道建设载人宇宙基地的构想。这一宇宙基地被称为"深空门户",计划于2022年开始建设,2026年完工。深空门户不仅是载人月球探测的基地,将来还可以用作载人火星探测的基地。

2018年9月,俄罗斯宣布加入深空门户项目。之后,欧洲、日本、加拿大和巴西也决定参与进来,国际空间站的成员国因此再度齐聚。

不过,建设深空门户需要面对很多问题,其中之一就是成员国如何承担比建设国际空间站(包括维护费在内约1500亿美元)还要高昂的巨额费用。

深空门户建成后,不仅可以用于月球探测,还可以作为载人火星探测的中转站。

在月球上空建设新的宇宙空间站

深空门户构想和猎户座宇宙飞船

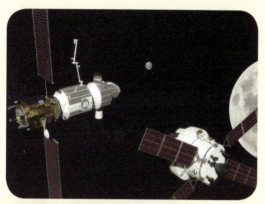

美国正在研发的"猎户座"飞船（图右），要与月球环绕轨道上的深空门户（图左）进行对接。进出深空门户的任务将通过猎户座飞船实现。

猎户座飞船是美国正在研发的用于月球和火星载人探测的新一代宇宙飞船，原计划2019年进行首次无人绕月飞行，2023年执行首次载人任务。

（图片：均来自NASA）

深空门户的构想

关于深空门户的建设，日本前期的研讨主要围绕是否承担"居住舱"的建设和"物流补给舱"的研发展开。

（图片：NASA）

Part 4　宇宙探索的未来

日本第一个月球着陆器"机灵号"

不同于深空门户构想,日本正在推进自主的月球探测计划。该计划的任务是让主体重约200千克的小型探测器在月球表面实现精准着陆,该探测器名为"机灵号(SLIM)"。

"SLIM"是"月球探测高性能着陆器(Smart Lander for Investigating Moon)"的英文首字母缩写。此前世界各国发射的月球着陆器,都是在距离目标地点几千米范围内着陆的,而"机灵号"要实现的是在目标地点精准着陆(误差小于100米)。着陆器将通过摄像机拍摄的图像自主判断并靠近目标地点,自行避开岩石等障碍物,完成精准着陆。

"机灵号"原定于2021年发射。着陆地点在月球正面的"酒海"内。这里的月球表面凹陷得很深,有可能露出内部的地层。对其进行探测,也许就能验证"大碰撞说(见第45页)"等假说,从而解开月球诞生之谜。

"酒海"这一名称,源自希腊神话中众神饮用的长生酒。

"机灵号"将旋转着陆

"机灵号"月球着陆器

"机灵号"将成为日本第一个月面着陆器,它肩负着在月球目标地点精准着陆的任务。它的另一个任务是通过轻量探测器实现多次月球探测和行星探测。

(图片:JAXA)

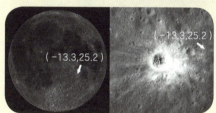

"机灵号"的预定着陆地点(白色箭头)。图左是在整个月球上的位置,图右是放大图。

(图片:NASA/LRO)

探测器越轻,发射成本越低。

旋转着陆

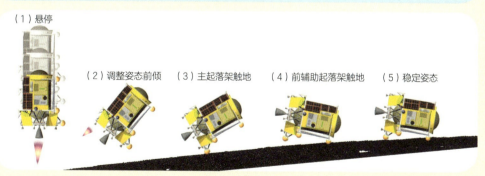

(1)悬停　(2)调整姿态前倾　(3)主起落架触地　(4)前辅助起落架触地　(5)稳定姿态

"机灵号"预计会以"二段着陆"的方式着陆。悬停后调整姿态前倾(1~2),先让主起落架接触月面(3),再让前辅助起落架触地(4),保持姿态稳定(5)。着陆器将故意旋转以躺倒的姿态着陆,即使着陆地点在很陡的斜坡,也能确保安全着陆。

(图片:JAXA)

了解更多!

日本自主制订的
各种月球探测计划

日本自主制订的月球探测计划,除了"SLIM"以外还有不少。下面介绍一些很有可能被列为正式项目的计划,以及"微型探测器"计划。

同印度合作在月球上寻找水(月球极地探测计划)

正如第104页所说,月球极地有可能存在固态水。为了确认月球的水能否作为资源加以利用,各国都在制订2020年之后的月球极地

探测计划。日本会与印度开展国际合作,进行月球极地探测。印度已经向月球和火星发送了多个探测器,从某种意义上讲,其实力要强于日本。在该合作方案中,日本主要负责研制发送探测器的运载火箭和探测车(上图左侧),而印度则负责研制着陆器(上图右侧)。

(图片:JAXA)

探测车将在行进的同时,探测地下2米深的区域有没有固态水(①)。在有可能分布固态水的地点检测元素,如果检测出氢元素,就实施挖掘和取样的工作(②)。然后加热样本,测定产生的气体,分析其成分及含量(③)。

(图片:均来自JAXA)

带回月球的岩石（大力神计划）

（图片：JAXA）

利用深空门户构想，让着陆器和月球探测车降落在月球表面，在数十千米的范围内进行广域探测，将重约15千克的样本（月球的岩石）带回地球，这就是日本的"大力神计划"。目前该计划正在研讨中，预计将在2026年前后实施。

调查月球垂直洞穴（填埋计划）

（图片：NASA/GSFC/Arizona State University）

科学家预测日本"月亮女神号"探测器发现的月球垂直洞穴（见第108页）下面，可能是绵延数十千米的横洞（空洞）。对垂直洞穴进行更详细的调查，弄清楚其形成的原因，同时查明空洞的构造及强度，以确定未来能否在此建设月球基地，这就是"填埋计划"。

书包那么大的微型探测器

"款待号（OMOTENASHI）"和"小马座号（EQUULEUS）"是日本原定于2019年12月发射的微型探测器，重14千克、主体相当于书包那么大。"款待号"将使用气囊等装置在月球表面着陆，以此来验证微型探测器的月球着陆技术。"小马座号"将飞往地月拉格朗日L2点所在的区域（从地球上看位于月背一侧），以此来验证小型探测器的轨道控制和深空（比月球更遥远的太空）飞行技术。美国新型运载火箭"太空发射系统（SLS）"首次发射时，将搭载这两个探测器一同升空。

（图片：JAXA）

梦想中的"月球旅行"即将变成现实

能去月球的人，并非仅限于各国的宇航员。普通人也能去月球旅行的时代终于来临了！

2018年9月，美国太空探索技术公司（SpaceX）宣布与日本企业家前泽友作签订合约，他将成为首位搭乘"星舰"飞船（正在研发的可重复使用型宇宙飞船）飞去月球旅行的平民乘客。该月球旅行计划预计在2023年实施，飞船将环绕月球飞行（不在月球表面着陆），从发射到返回地球预计需要11天。虽然备受瞩目的月球旅行费用并未正式公开，但外界猜测其费用大概要100亿日元。

另外，日本一家名为"Club Tourism·Space Tours"的旅行公司对外公布了其为2040年实现月球旅行设想的日程安排。旅客将乘坐美国维珍银河公司（Virgin Galactic）的"太空船2号"宇宙飞船前往月球。"太空船2号"会搭乘"白骑士2号"母船发射离地，并在空中分离。2018年12月，维珍银河公司宣布他们的载人航天飞行获得成功（飞船在2名试飞员的操控下到达了82.7千米的高度）。

> 100亿日元？！太贵了吧！

去月球旅行

前往月球旅行时乘坐的宇宙飞船

左图是美国太空探索技术公司正在研发的可重复使用型宇宙飞船"星舰"的想象图。前泽友作去月球旅行时搭乘的就是该飞船。

(图片:SpaceX)

左图虚线内是维珍银河公司的"太空船2号"宇宙飞船。它将搭乘"白骑士2号"母船发射离地,然后分离。

[图片:维珍银河公司(提供),Club Tourism·Space Tours(协作)]

为期14天的月球旅行

乘坐"日本月球快车"前往的首次月面旅行14天				
【日程表】		住宿	天体的外观	
^	^	^	地球	月球
3天前	在太空港集合,参加新人培训	太空港		
2天前	准备训练	太空港	"新地球"	望月
1天前	检查身体和出发前的各项检查	太空港		
第1天	"日本月球快车"发射,在轨道上的宇宙空间站换乘月球移动飞船飞往月球	宇宙飞船内		
第2天	乘坐巡航火箭前往月球(约38万千米)	宇宙飞船内	"蛾眉地球"	
第3天	同上	宇宙飞船内		
第4天	抵达月球轨道上的"国际月球空间站"(IMS)后,乘坐着陆舱在月面着陆,进行月面散步等	月面旅馆		
第5天	月面观光、游览著名景点和环形山	月面旅馆		
第6天	月面观光、探索月球背面	月面旅馆	"半地球"	半月
第7天	月面观光、月面运动体验、自由活动	月面旅馆		
第8天	从月面基地发射,经由IMS去地球	宇宙飞船内		
第9天	乘坐巡航火箭前往地球(约38万千米)	宇宙飞船内		蛾眉月
第10天	同上	宇宙飞船内		
第11天	经由宇宙空间站再入大气层,返回太空港			
【参考】	14天后		"满地球"	朔月

左图是日本旅行公司"Club Tourism·Space Tours"设想的14天月球旅行日程表。预计2040年实现。

[图片:维珍银河公司(提供),Club Tourism Space·Tours(协作)]

Part 4　宇宙探索的未来

民营企业的宇宙开发计划

以前的宇宙开发都是由国家主导的,就像美国和苏联开展的"宇宙开发竞争"。但在当前,一些民营企业对待宇宙开发的积极性比国家还高。下面将介绍几个由民营企业主导的"宇宙商业"项目。

美国太空探索技术公司(SpaceX)

美国太空探索技术公司由埃隆·马斯克创建于2002年,是一家制造并发射火箭和宇宙飞船的公司。其研发和发射对象包括:NASA发射探测器时使用的低价运载火箭"猎鹰9号"和"重型猎鹰"、为国际空间站补给物资的"飞龙号"无人宇宙飞船等。左图是发射中的"猎鹰9号"。

(图片:NASA/Kim Shiflett)

"猎鹰9号"是能重复使用的运载火箭。左图是火箭第1级发射后回收的场景。

(图片:SpaceX)

左图是"飞龙号"无人宇宙飞船被国际空间站机械臂捕获时的情景。

(图片:NASA)

蓝色起源（Blue Origin）

蓝色起源是互联网零售业巨头亚马逊创始人杰夫·贝索斯创立的美国民营宇宙运输公司。该公司与美国空军签订了价值20亿美元的发射器合同。它也是美国太空探索技术公司最大的竞争对手。

（图片：蓝色起源）

月球快递（Moon Express）

总部位于美国的宇宙公司。该公司是第一个从美国政府获得登月许可的民营企业（2016年）。

（图片：月球快递）

ispace

ispace是日本的民营宇宙公司，该公司宣布要实施名为"HAKUTO-R"的探月计划，用美国太空探索技术公司的"猎鹰9号"，发射其自主研发的着陆器和探测车，完成绕月飞行和月面着陆任务。

（图片：ispace）

未能实现的壮举

以色列的民间团体SpaceIL于2019年2月发射了民间第一个有望实现月面软着陆的月球探测器。然而，同年4月，该探测器在月面附近遭遇引擎故障，最终坠毁在月球上，未能实现这一壮举。

（图片：SpaceIL）

了解更多！

如何建设月球基地

作为探测和开发月球的跳板，人类大概很快就会在月球表面建设基地。用火箭只能从地球运送有限的材料到月球，因此初期建的月球基地应该会以简单实用为主。

基地将用从地球运来的筒状"模块"连接而成的。先用火箭将模块送至月球表面，再用车辆运到指定位置进行组装。

月球表面是真空的，昼夜温度变化很大，白天高达120摄氏度，夜间低至零下180摄氏度。而且，月球表面受到对人体有害的宇宙射线的轰击，环境极其严酷。因此人们考虑用月球表面的土壤（月壤）覆盖初期建好的基地，从而起到防护作用。但是月壤像小麦粉一样细滑，无法直接盖在基地上，因此要先将其装在从地球带过去的袋子里，然后堆砌在基地周围，再向内侧填充月壤，将基地掩埋。

月球基地主要依赖太阳能电池获取能量。然而，月球上的一昼一夜大约分别持续14天之久，夜间无法使用太阳能电池，能量来源就成了一大难题。人们正在研究的"再生型燃料电池"能有效解决这一难题。燃料电池是让氢气和氧气发生反应从而发电的电池。再生型燃料电池是可充电的燃料电池，白天使用太阳能电池电解水制取氢气和氧气，夜间使用燃料电池让储存

的氢气和氧气通过燃烧反应产生电能。如此一来,就能循环利用有限的氢气和氧气发电了。

左图是初期建设的月球基地的想象图。用火箭将模块从地球运到月球表面,再把它们联结起来打造居住空间。

(图片:月球探测信息站)

图中标注:
- 阻挡着陆场喷射气体的沙袋
- 太阳能电池板
- 车库
- 正在移动的居住模块
- 居住模块
- 通信用的天线
- 模块周围的沙袋

上图是在月球表面施工的想象图。(图片:JAXA)

Part 4 宇宙探索的未来   141

10年或者20年后，
或许你也能去月球表面生活

下图是日本"前沿商业研究会"描绘的"2030年前后的地月经济圈"。该研究会由ispace携手三菱综合研究所创立，大型建设公司、通信公司、法律事务所等大约30家日本公司参与其中，

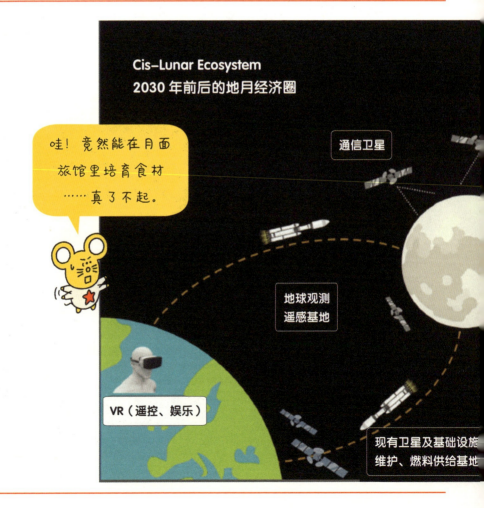

哇！竟然能在月面旅馆里培育食材……真了不起。

Cis-Lunar Ecosystem
2030年前后的地月经济圈

通信卫星

地球观测遥感基地

VR（遥控、娱乐）

现有卫星及基础设施维护、燃料供给基地

共同讨论日本的宇宙商业建设。

　　这样的时代真的再过10年就会到来吗？答案无人知晓。我们对未来抱有美好的期待，也许"在月球上工作的时代""在月球上生活、去月球旅行的时代"会来得稍迟一些，但毋庸置疑的是这一天终将来临。

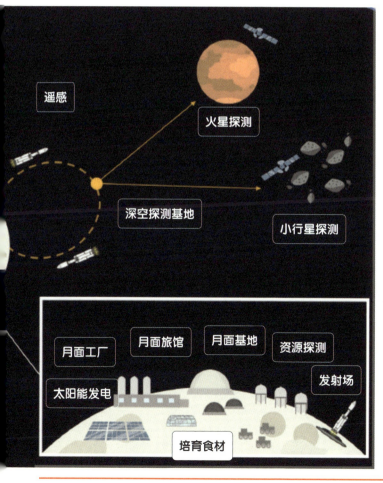

（图片：前沿商业研究会）

各国及民间的火星探测计划

世界各国的火星探测规划图表

年 国家/联盟	—2010	2011	2012	2013	2014	2015	2016	2017	2018	2019
日本										
美国		火星科学实验室		专家号（MAVEN）					洞察号	
中国		萤火一号（失败）								
俄罗斯		火卫一土壤（失败）								
欧洲							火星生命探测计划（着陆试验机失败）			
印度				火星飞船						
其他国家及民间										

※ 截至 2019 年 3 月的计划。年表示发射年。

 接下来将介绍火星探测计划。毫不夸张地说，人类探测和开发月球其实只是为开拓火星建立"中转站"而已。

 原来如此。

探测的类型

 轨道飞行器　 着陆器　 探测车　 取样返回　 载人

2020	2021	2022	2023	2024	2025	2026	2027	2028	2029	2030—
				火卫探测器（MMX）						
火星2020	发射用于将火星2020采集的样本带回的轨道飞行器、用于回收样本的探测车等，也在计划中。									2030年之后载人火星探测
其他 2020年前后 轨道飞行器、着陆器、探测车一同发射								2028年前后 取样返回		2050年 载人火星探测
火星生命探测计划2020 火星生命探测计划2020	火星生命探测计划（ExoMars，2016年和2020年两次发射）由欧洲航天局（ESA）和俄罗斯联合实施。									
希望号（UAE）				SpaceX（无人探测）		SpaceX（载人探测）				

去比月球远得多的火星可不是一件容易事。但在不远的将来，人类一定能登上那颗红色行星。

了解更多！

各国的火星探测计划

美国在 2020 年发射了"火星 2020"计划中的探测车。该探测车在火星的"耶泽洛环形山"降落，负责采集可能含有生命痕迹的岩石，再将岩石（样本）装入像试管一样的罐子里，放在火星的大地上。

然后，由别的探测车回收样本，通过"火星上升飞行器（MAV）"将样本送到火星轨道飞行器上，再由轨道飞行器将样本带回地球。这一系列任务都是"火星 2020"计划中的既定内容。人们期望通过在地球上详细分析火星样本，找到火星生命存在与否的决定性证据。

上图是"火星 2020"计划中探测车的想象图。

（图片：NASA/JPL-Caltech）

另外，欧洲和俄罗斯联合展开的"火星生命探测计划 2020"，原定 2020 年发射着陆器和探测车，后因故推迟。该计划的目的也是探测火星生命，着陆器和探测车将与 2016 年发射的"火星生命探测计划"（轨道飞行器）共同执行一系列任务。

上图是"火星生命探测计划 2020"中探测车的想象图。

（图片：ESA/ATG medialab）

中国也公布了一系列火星探测任务。"天问一号"是中国在 2020 年发射的第一个火星探测器。"天问三号"将于 2028 年发射，其目标是实现火星采样返回。

在火星探测计划中大放异彩的是阿拉伯联合酋长国（UAE，简称阿联酋）。2020 年 7 月，阿联酋使用日本的 H-2A 运载火箭，成功发射世界上第一个属于阿拉伯国家的火星探测器（轨道飞行器），该探测器取名为"希望号"。阿联酋还公布了雄心勃勃的火星移居计划"火星 2117"（见第 150 页）。

上图是"希望号"探测器的想象图。

（图片：UAE Space Agency）

与其他国家的探测计划不同，日本的探测目标并非火星，而是火星的卫星。日本将与法国合作，争取在 2024 年实现"火卫探测器（MMX）"取样返回计划。该计划将向火星的卫星火卫一和火卫二发送探测器进行观测，并从火卫一上带回样本。通过研究样本解开火星及其卫星的诞生之谜，并验证探测器往返火星和其卫星的技术。

上图是火星的卫星火卫一（左侧近处）、火卫二（右侧远处）以及火卫探测器的想象图。

（图片：JAXA）

何时进行载人火星探测

星探测的目标之一是实现载人火星探测，让人类直接造访火星。

2018年9月，美国国家航空航天局（NASA）公布了太阳系探测计划纲要。该纲要指出，美国将在2025年之后再次把宇航员送往月球，并在月球上空建设深空门户（见第130页），将月球表面和深空门户当作深空探索（探索月球之外的太空）的基地。

深空探索的第一个目标就是火星。月球基地和深空门户将承担建造宇宙飞船、研发和试验各种技术、训练宇航员的任务。载人火星探测计划预计会在2030年之后启动。

即便是短期的载人火星探测任务也需要400~650天，而为了节约能量而实施的长期任务则需要900~1000天。据说，该计划要花费1万亿美元，相当于日本一整年的国家预算。当然，这些费用并非由美国全部承担，该计划会以国际合作的形式实施。

载人火星探测是国家预算规模的项目。

为火星之旅做准备

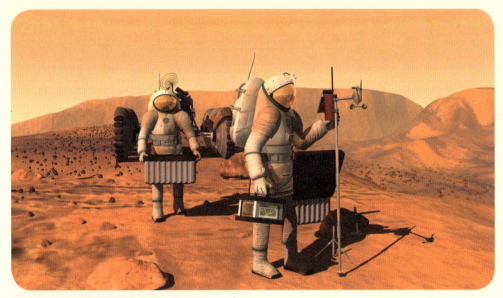

上图是载人火星探测的想象图。（图片：NASA）

为了研究载人火星探测长期任务会对宇航员的身体和精神造成何种影响，欧洲航天局（ESA）和俄罗斯于2010年联合开展了名为"火星500"的模拟实验。参加实验的6名成员在与外部隔离的模拟宇宙飞船中，度过了假定"飞往火星、着陆、返回地球"的520天。左图是在模拟的火星表面步行时的场景。

（图片：ESA/IBMP）

夏威夷的莫纳克亚火山一带被熔岩平原包围，环境酷似火星。夏威夷大学在这里定期开展火星探测模拟实验（HI-SEAS）。6名成员在备有太阳能电池的双层穹顶设施中共同生活数月到1年，其间，要完成在火星上培育作物的假想实验等。成员离开穹顶建筑外出时，就像在火星上一样要穿宇航服。

（图片：HI-SEAS/NASA）

人类能够移居火星吗

2016年，美国太空探索技术公司首席执行官（CEO）埃隆·马斯克宣布了令人震惊的火星移居计划，他声称"到2060年要让100万人移居火星"。预计2024年先用可乘坐100人的"红龙号"宇宙飞船将第一批人类送往火星（现在看来很可能会延后至2026年）。由于该公司的宇宙计划向来都会推迟，这一计划能否实现尚属未知。

据马斯克讲，他要以宇宙飞船为基地，同时在火星上建设城市，并使火星"地球化"。尽管现在火星上只有极稀薄的大气，但只要改变火星的环境，届时不穿宇航服也能在火星的大地上行走。

另一方面，阿联酋于2017年宣布了名为"火星2117"的火星移居计划。该计划准备在2047年开始第一批移居，到了2117年，将会有60万人居住在火星上。

这些都是美梦般的计划，实际上，21世纪很难真正移居火星，也许要到22世纪才能实现。

你想去火星居住吗？

"移居火星"的时代即将来临

上图是美国太空探索技术公司设想在火星建设火箭发射场和城市的想象图。

（图片：SpaceX）

哇，太棒了！
我也想在火星上住住看。

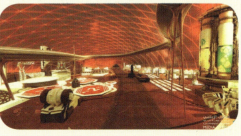

以上3幅图是"火星2117"计划中，阿联酋设想在火星建设城市的想象图。（图片：均来自Dubai Media Office）

了解更多！

其他的太阳系探测计划

接下来将要介绍几个充满魅力且意义重大的太阳系探测计划。

"贝皮科隆博水星探测器"计划

"贝皮科隆博水星探测器"计划由日本和欧洲合作实施，该计划的任务是用日本宇宙航空研究开发机构研发的"水星磁层轨道器（MMO）"和欧洲航天局研发的"环水星轨道器（MPO）"，对水星进行综合观测。这两个探测器已于2018年10月发射，预计2025年12月进入水星环绕轨道，在这期间它们会经历9次行星飞越。

迄今为止，造访过水星的探测器只有两个（"水手10号"和"信使号"），水星的未解之谜还有很多。"贝皮科隆博水星探测器"计划中的两个探测器将同时对水星进行观测，详细研究水星的表面和内部构造等。

上图是正在执行观测任务的"水星磁层轨道器"的想象图。
（图片：JAXA）

上图是欧洲航天局负责研发的"环水星轨道器"的想象图。
（图片：ESA/ATG medialab）

"JUICE"冰质木卫探测计划

"JUICE"是欧洲航天局主导的冰质木卫探测计划,日本和美国也会参与其中。目前认为,以木卫三为首的木星的卫星,虽然表面是冰层,但冰层之下却是广阔的海洋(见第118页)。探测这些"冰卫星"或许能找到地外生命的线索。

"JUICE"探测器预计2022年发射,2029年抵达木星系统,2032年进入木卫三的环绕轨道。

与"JUICE"计划探测的目标不同,美国制订的"木卫二快船"计划要将探测器发送到同为冰卫星的木卫二的轨道上。

[图片: 探测器,ESA/ATG medialab;木星,NASA/ESA/J.Nichols(University of Leicester);木卫三(图右下),NASA/JPL;木卫一(图左),NASA/JPL/University of Arizona;木卫四和木卫二(图右),NASA/JPL/DLR]

"命运号"小行星探测计划

日本正在制订"命运号(DESTINY+)"计划,其探测器将由较小的埃普斯隆运载火箭发射,在离子推进器的驱动下,用1~2年的时间提升高度,通过飞越月球实现加速,前往行星际空间。该计划的目的是飞越并探测双子座流星雨(12月出现,三大流星雨之一)的母体——小行星"法厄同"。探测器预计2022年发射,2026年抵达"法厄同"。

(图片:JAXA/可视科学)

后 记

完这本书，大家有何感想呢？

大家感受到未来充满无限可能了吗？

人类之所以探索宇宙，还有更深层的含义，那就是"育人"。

以日本为例来说，日本是一个资源相对匮乏的国家，人口也在持续减少。若要在世界中继续生存下去，必须不断开发尖端科技，培育优秀人才。这也是日本积极参与宇宙探索和开发的原因所在。

梦想是驱使大家热爱宇宙的原动力，但仅有热爱还远远不够。只有全身心地投入宇宙探索和开发中，才能真正改变

我们的世界。我由衷地希望,这本书能帮助大家迈出第一步。

探索宇宙、开发宇宙是大家终究要面对的现实。宇宙正在等着大家前去探秘。

(图片:NASA)

索引

2001 火星奥德赛号　　　　　　　　114
H-2A　　　　　　　　　　　　58、60
H-2B　　　　　　　　　　　　58、60
H3　　　　　　　　　　　　　　60
ispace　　　　　　　　　　　　139
JUICE　　　　　　　　　　　　153
M-5　　　　　　　　　　　　　58
SpaceIL　　　　　　　　　　　139

A

阿波罗 11 号　　　　　　　86、88-89
阿波罗计划　　　　　　53、86、90-93
阿姆斯特朗　　　　　　　8、86、88
埃普斯隆　　　　　　　　　　　58
奥林匹斯山　　　　　　　　　36、94
奥西里斯王号（OSIRIS-REx）　　　121

B

贝皮科隆博水星探测器　　　　　　152

C

嫦娥四号　　　　　　　　　72、128
超级月亮　　　　　　　　　　　22
垂直洞穴　　　　　　　　　　　108

D

大接近（火星）　　　　　　　　32
大力神计划　　　　　　　　　　135
大碰撞说　　　　　　　　　　44-45
大气再入　　　　　　　　　　　80
大隅号　　　　　　　　　　　110
地球反照　　　　　　　　　　　20
第一宇宙速度　　　　　　　　　62
东方 1 号　　　　　　　　　　84
洞察号　　　　　　　　　　　　72

F

发射场　　　　　　　　　　64、66
飞越　　　　　　　　　　　　　50
拂晓号　　　　　　　　　　72、119

G

高地　　　　　　　　　　　　　26
公转　　　　　　　　　　16、42-43
固体火箭　　　　　　　　　　　58
轨道　　　　　　　　　　　　　76
轨道飞行器　　　　　　　　　　51
国际空间站　　　　　　　　　122

H

哈雷彗星	103
海（月球）	26
海盗号	96
航天飞机	103
好奇号	9、41
恒星	16
环绕探测	50
环水星轨道器（MPO）	152
彗星号	103、111
火箭	56
火卫二	38
火卫探测器（MMX）	147
火卫一	38
火星 2020	146
火星 2117	150
火星勘察轨道飞行器（MRO）	117
火星快车号	116
火星全球勘探者号	112
火星生命探测计划 2020（ExoMars2020）	146
火星探测漫游者	115
火星探路者号	112
霍曼轨道	76

J

机灵号（SLIM）	132
机遇号	114
加加林	84
伽利略号	118
金星 7 号	98
静海	26、86

K

卡西尼号	53、118
克莱芒蒂娜号	104
肯尼迪	86
款待号（OMOTENASHI）	135

L

蓝色起源 (Blue Origin)	139
离子推进器	74
联盟号	61
猎户座（宇宙飞船）	131
猎鹰 9 号	61、138
龙宫（小行星）	78、121
旅行者号	100

M

美国太空探索技术公司（SpaceX）	61、136、138、150
命运号（DESTINY+）	153
木卫二快船	153

N

南极—艾特肯盆地	27
内之浦宇宙空间观测所	65

P

帕克号	73

Q

取样返回	50

R

日本航空宇宙技术研究所（NAL） 111
日本宇宙航空研究开发机构（JAXA） 111
日本宇宙开发事业集团（NASDA） 111
日本宇宙科学研究所（ISAS） 110

S

深空门户 130
水手 10 号 98~99
水手 4 号 94
水手 9 号 94
水手峡谷 36~37、94
水星磁层轨道器（MMO） 72、152
丝川（小行星） 110、120
丝川英夫 110
斯玛特 1 号 106
斯普特尼克 1 号 84
苏联 84
隼鸟 2 号 73、75、78、120-121
隼鸟号 52、81、120-121

T

太阳能帆板 70
太阳系 16、44
探测车 51
填埋计划 135
推力 58

W

维珍银河公司 136
卫星 16

X

行星 16
希望号（阿拉伯国家的火星探测器） 147
希望号（国际空间站实验舱） 123
希望号（日本的火星探测器） 112
先驱者号 99
小行星 44、120
小马座号（EQUULEUS） 135
新视野号 73、119
信使号 119

Y

氧化剂 56、58
液体火箭 58
引力 42、44
引力助推 78
勇气号 35、114
有效载荷 69
月亮女神号 106、108-109
月球背面 24、27
月球极地探测计划 134
月球勘探者号 104
月球快递（Moon Express） 139
月球正面 24、26

Z

载人探测 50
种子岛宇宙中心 65
朱诺号 73
着陆舱 51
着陆探测 50

※ 本书所记载的商品名、公司名等，一般均为各公司的商标或注册商标。正文中不再注明 TM、® 等符号。

作者

寺园淳也

行星科学家，USP（Universal Shell Programming）研究所高级 UNIX 技术传播专家。考入东京大学大学院理学系研究科（博士课程），但中途退学。担任现职务前，曾先后任职于宇宙开发事业集团、JAXA 公共关系部和会津大学等。曾参与"月亮女神号"月球探测计划的启动、"隼鸟号"小行星探测器的宣传等工作。负责管理月球与行星探测信息网站"月球探测信息站"（https://moonstation.jp/）。著有《行星探测入门》（日本朝日选书）、《熬夜也要读完的"月球趣话"》（日本 PHP 文库）（均为暂译名）等多部作品。

译者

程亮

自由译者，毕业于东南大学日语系。译有《力学原来这么有趣！》《椋鸠十动物小说：小猴子日吉》《银河铁道之夜》等多部儿童图书。

审校者

李晔

北京大学科维理天文与天体物理研究所博士后。美国内华达州立大学拉斯韦加斯分校天文学博士。主要研究伽马射线暴、快速射电暴等天体暂现源。

版权登记号：01-2022-4887

图书在版编目（CIP）数据

给孩子的未来科学.宇宙探索 /(日)寺园淳也著；
程亮译.-- 北京：现代出版社，2022.9
ISBN 978-7-5143-9956-1

Ⅰ.①给… Ⅱ.①寺… ②程… Ⅲ.①科学知识—少儿读物 ②宇宙—少儿读物 Ⅳ.①Z228.1 ②P159-49

中国版本图书馆CIP数据核字（2022）第162946号

UCHU TANSA TTE DOKO MADE SUSUNDE IRU？
SHINGATA ROCKET GETSUMEN KICHI KENSETSU KASEI IJU KEIKAKU MADE
Copyright © 2019, Junya Terazono
Chinese translation rights in simplified characters arranged with
Seibundo Shinkosha Publishing Co., Ltd.
through Japan UNI Agency, Inc., Tokyo

原版书工作人员
执笔人、助理编辑：中村俊宏
装帧、正文设计：寄藤文平、古屋郁美（文平银座）
卡通角色插画：上谷夫妇
图解插画、桌面出版（DTP）：k-design有限公司
禁止复制。本出版物的内容（文字、照片、设计、图表等）仅供个人使用，未经作者授权许可，不得商用或挪作他用。

给孩子的未来科学：宇宙探索

著　者	[日]寺园淳也
译　者	程　亮
责任编辑	李　昂　滕　明
封面设计	八　牛
出版发行	现代出版社
通信地址	北京市安定门外安华里504号
邮政编码	100011
电　话	010-64267325　64245264（传真）
网　址	www.1980xd.com
印　刷	北京瑞禾彩色印刷有限公司
开　本	710mm×1000mm　1/16
印　张	10
字　数	110千
版　次	2022年9月第1版　2022年9月第1次印刷
书　号	ISBN 978-7-5143-9956-1
定　价	55.00元

版权所有，翻印必究；未经许可，不得转载